全国高等农林院校"十一五"规划教材

植物学实验指导

周桂玲　主编

中国农业出版社

编 写 人 员

主　编　周桂玲

副主编　迪利夏体·哈斯木　谭敦炎

编写者　阿依吐尔汗·热依木　迪利夏提·哈斯木

　　　　芦娟娟　谭敦炎　魏　岩　吾买尔夏提·塔汉

　　　　周桂玲

前　言

　　植物学是综合性大学、师范院校、农业院校生命科学及相关专业必修的专业基础课，同时也是一门实践性较强的课程。该课程由课堂讲授和实验教学两部分组成，因此，植物学实验课是植物学教学的重要环节之一。通过实验，学生可进一步加深对理论知识的理解，并培养学生的实验动手能力（包括实验操作、实验观察和实验思维等能力），提高学生的综合素质，为学习后续课程和开展科研工作打下坚实的基础。

　　本书以全国农林院校的植物学教学大纲为依据，结合编者多年的教学经验和科研实践的积累，以新疆农业大学植物教研室老一辈教师编写的《植物学实验指导》为蓝本，并参考兄弟院校的同类教材，经植物教研室全体教师的共同努力编写而成。

　　本书在内容安排上注重植物学知识的科学性和系统性，坚持理论联系实践，注重培养学生独立操作能力、动手能力。书中所用的实验材料，主要选取新疆地区的植物材料。实验中引导学生边实验、边观察、边思考，使学生即动手又动脑，以培养学生的思维能力。书中内容图文并茂，附录部分可为教学实践提供参考。

　　本书可作为新疆农业院校各专业本科生教材，也可供师范院校、综合性大学教学参考，并可作为专科及中学生物教师的参考书。

编　者

2012 年 6 月

目　录

前言

一、实验室规则

实验室是实验课教学的重要场所，为了使实验课能够在文明、安全、有序的条件下进行，希望师生们共同遵守如下实验室规则。

1. 悉心爱护实验室内一切公共财物，不准乱刻乱画。实验室内严禁吸烟，不准随地吐痰，不准乱抛杂物，不允许将纸屑及铅笔屑留在实验桌内。不得大声喧哗，保持室内安静和整洁。

2. 学生应提前 5 min 进入实验室，清点上课所需仪器与用品，如有短缺或损坏，应立即请求补充或更换。如需使用显微镜或解剖镜，需轻拿轻放；用后要擦拭整理，做好使用记录。

3. 实验中打碎玻片标本、损坏仪器要照价赔偿；若仪器出现故障时，要及时报告教师，以便处理。

4. 实验中要注意安全，对强酸、强碱、有毒染料及加热火源要小心使用。千万不要将染料的滴管和滴瓶相互插错。实验中注意节约水电和药品试剂。实验室内电线和插头较多，谨防触电。

5. 学生按学号顺序进行分组实验，座位固定不变，以便于管理。若需调换座位，要报告教师。实验中各组使用自己的标本、药品和器材，避免各组间相互混用。

6. 实验室内的一切用具和物品，不得擅自带出实验室。

7. 实验室内的精密仪器和贵重设备要细心爱护，学生不得随便使用，防止使用不当而损坏。

8. 做完实验后，每人先将自己使用的用具擦净，收回盒中，认真保管，并将实验桌打扫干净。

9. 每次实验结束时，由值日生负责打扫室内卫生，关灯、关水、关窗和锁门。教师或实验员在检查完计算机、投影仪等设备后最后离开实验室。

10. 实验报告当堂交，不符合要求要重做。报告不得丢失，学期末应装订成册，汇总交给实验老师作为期末考察成绩的一部分。

二、常用实验仪器与用具

1. 学生在每次实验前按学号座次对应取出一台双目复式显微镜或解剖镜，实验结束后还原，并做好使用记录。

2. 实验室按组准备的实验用具有：培养皿、烧杯、瓷盘、解剖针、镊子、放大镜、目镜测微尺、台式测微尺、双面刀片、滴管、毛笔、纱布、擦镜纸、吸水纸、染料及试剂瓶一套、载玻片、盖玻片、切片盒及玻片标本。

3. 学生自备实验指导书、作业本、实验记录本、HB 和 3H 铅笔各一支、直尺、橡皮、铅笔刀等，欢迎自带额外实验材料。

4. 教师除准备实验材料外，往往还备有示范玻片标本，在讲课后采用多媒体辅助教学系统做重点展示（计算机、投影仪和教学显微镜等）；也可利用数码相机将学生制作的临时制片进行现场讲解。

实验一　显微镜的使用与维护

　　常用的复式显微镜是一种精密的光学仪器，是研究植物细胞结构、组织特征和器官构造必不可少的工具。因此，每个学生都必须很好地了解显微镜的结构，掌握使用方法，并学会最起码的维护保养显微镜的方法，以延长其使用寿命。但是，要熟练使用显微镜，需要一段时间的实践过程，并在实验中注意反复地练习。

一、显微镜的类型

　　显微镜的种类很多，可分为光学显微镜和电子显微镜两大类。

（一）光学显微镜

　　光学显微镜是以可见光作光源，用玻璃制作透镜的显微镜。可分为单式显微镜与复式显微镜两类。

　　单式显微镜结构简单，常用的如放大镜，由一个凸透镜组成，放大倍数在10倍以下。构造稍复杂的单式显微镜为解剖显微镜，也称为实体显微镜，由几个透镜组成，其放大倍数在200倍以下。放大镜和实体显微镜放大的物象都是虚像，即直立的虚像。

　　复式显微镜结构比较复杂，至少由两个以上的透镜组成，放大倍数较高，是植物形态解剖实验最常用的显微镜，它的有效放大倍数可达1 250倍，最高分辨率为0.2 μm。

　　复式显微镜的种类很多，除一般实验使用的明视野显微镜外，还有暗视野显微镜、相差显微镜和荧光显微镜等。

（二）电子显微镜

　　电子显微镜是使用电子束作光源的一类显微镜，是近50年来才发展起来的。电子显微镜以特殊的电极和磁极作为透镜代替玻璃透镜，分辨的最小距离可达0.2 nm左右。放大倍数可达80万～120万倍，其分辨率比光学显微镜高1 000倍，是广泛应用于生物超显微结构观察的精密仪器。

二、普通光学显微镜的基本结构

现在应用于教学和科学研究的多是普通双目复式显微镜（图1－1），其基本结构包括三大部分：机械部分、放大部分和照明部分。现以OLYMPUS－CX21型显微镜结构为例，介绍于下。

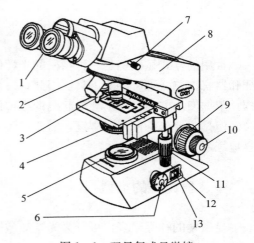

图1－1　双目复式显微镜
1. 目镜　2. 物镜转盘　3. 夹紧器　4. 孔径光阑
5. 光源　6. 亮度调节旋钮　7. 镜筒固定钮　8. 镜臂
9. 粗调节螺旋　10. 细调节螺旋　11. 垂直移动旋钮
12. 水平移动旋钮　13. 电源开关

（一）机械部分

1. 镜座　为一方形部分，为全镜的底盘，以支持和稳定显微镜的全部重量。

2. 电源开关　在镜座侧面，用于控制电光源；在开关的同侧还有一个电光源亮度调节旋钮，用来调节光的强弱。

3. 镜臂　为一个向前上方弯曲的支架，连接镜筒及载物台。移动显微镜时，应右手握住镜臂部分，左手托住镜座。

4. 镜筒　连接目镜和物镜的部分。因显微镜型号不同，可分为直立式镜筒和倾斜式镜筒两种。

5. 物镜转盘　位于镜筒下部，用于安装物镜。旋转物镜转盘可以转换不同放大倍数的物镜。

6. 载物台　为一方形的放置载玻片的平台，中央有一圆孔，透射光线由此孔进入。

7. 夹紧器　安装在载物台上，起夹紧制片的作用。可拨动一端小柄将其打开，然后将制片装进去，夹紧。

8. 载物台十字调节钮　在载物台下面的一侧，有两个同轴旋钮，用于调整观察材料的合适位置：下面的为水平移动旋钮，用于水平移动制片；上面的为垂直移动旋钮，用于垂直移动制片。

9. 聚光镜升降螺旋　在载物台下方一侧，用于调节聚光镜的上升或下降。

10. 粗调节螺旋（粗调节器）　在镜臂下部两侧各装有一个转动螺旋，可以使载物台及聚光镜一起升降，粗调节器适用于调节低倍镜。

11. 粗调锁档　位于粗调节螺旋与镜臂之间，可以防止制片与物镜碰撞，用粗调节控制钮把焦点与制片对好后，固定锁档限制粗调上升，并使对焦简单化。

12. 细调节螺旋（微调节器）　与粗调节螺旋同轴，但螺旋直径小，用于高倍镜的焦距调节，旋转时速度要慢。

（二）放大部分

1. 目镜　一般有两个，低倍镜为 5× 或 10×（5× 表示放大倍数为 5 倍，10× 表示放大倍数为 10 倍，依此类推）；高倍镜为 15×，通常只用低倍镜。观察时与双眼相接。从目镜中所观察的范围，称为视野。

2. 物镜　以螺纹旋接于物镜转盘上，物镜有 4 个；有 2 个低倍镜（4×，10×），1 个为高倍镜（40×），还有一个油浸物镜（100×）。物镜下端的透镜称为前透镜，前透镜越小，放大倍数越大。前透镜与标本间的距离叫做工作距离。各物镜的工作距离不同，低倍物镜（10×）约为 9 mm，高倍物镜（40×）约为 0.55 mm，而油浸物镜（100×）仅为 0.15 mm，了解这一特性对于操作者来说极为重要。

显微镜的放大倍数＝物镜放大倍数×目镜放大倍数

（三）光学部分

1. 反光镜　无电光源显微镜的镜座上一般安装有一反光镜，为一平一凹的圆形双面镜，由一活动双叉形支架支持，可向任一方向转动，其作用是改变外用光源反射光射出的方向，并将光反射到聚光镜。光线较强时用平面，光弱时可用凹面。OLYMPUS‑CX21 显微镜等具电光源的显微镜一般没有反光镜。

2. 滤光镜　滤光镜在反光镜或电光源上方，与孔径光阑和聚光镜装置在一起，由一个圆形架和几种特殊的带色镜片组成（通常是白色、蓝色和绿色等）。滤光镜一般不用，仅在显微摄影和特殊调节物象反差时选择使用。

3. 孔径光阑　位于滤光镜和聚光镜中间，由若干重叠的薄金属片组成，可根据光线强弱调节其孔径大小。

4. 聚光镜　位于载物台之下，通过载物台圆孔可见，由几片透镜组成，可用聚光镜螺旋控制升降，以调节视野中的亮度。

三、普通光学显微镜的成像原理

显微镜的目镜和物镜均由若干个透镜组成，但可看成是一个凸透镜。根据凸透镜的成像原理（图1-2），小物体 I_1 放在聚光镜和物镜之间，由电光源发出的光线进入聚光镜，光线经过聚光镜集中，向上透过实验标本（应是透明的）进入物镜，然后在目镜的焦点平面（光阑部位或其附近）形成一个经第一次放大的倒置的实像（I_2）。从初生实像射过来的光线，经过目镜而到达眼球（I_3）。也就是说，用目镜观察这个倒置实像时，又经过一次放大。因此，观察实验标本时所看到的最后物像，是经二次放大的、方向相反的倒置虚像（I_4）。这样倒置的虚像，常使初学者感到有些不适应，需经一段时间的适应才能习惯。从眼球到放大的虚像之间的距离叫明视距离，它的长度为 250 mm，这是明视野显微镜中观察物像的最适宜距离。

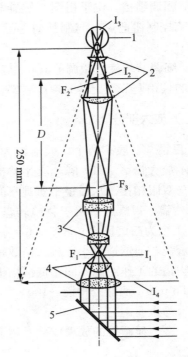

图1-2 显微镜的成像原理

I_1. 被观察的物体　I_2. 目镜形成 I_1 的图像

I_3. 人眼中 I_1 的实像　I_4. 高倍放大的图像

1. 人眼　2. 目镜　3. 物镜　4. 聚光镜　5. 反光镜

F_1. 目镜前焦距　F_2. 目镜焦点　F_3. 物镜后焦点

四、普通光学显微镜的使用方法

（一）取镜和定位

将镜箱打开，以右手执镜臂，左手托镜座，不可歪斜（特别要禁止用单手提着镜子走，防止目镜从镜筒中滑出），轻轻将显微镜的镜臂向后放在自己座位的左前方，镜座边缘应离桌边 4～5 cm，以便观察和防止掉落。然后端正坐下，用纱布擦拭镜身各部分，用擦镜纸擦拭目镜和物镜等。

（二）对光

打开电源，转动低倍物镜，使其对准载物台圆孔，两眼睁开，以双眼接近目镜观察。此时，可利用聚光镜、孔径光阑和亮度调节旋钮来调节光的强度，使视野内的光线既均匀明亮，又不刺眼。在对光过程中，要体会聚光镜、孔径光阑和亮度调节旋钮在调节光线中的不同作用。与此同时，可调节双目镜筒间距和视度差，使双眼视场合二为一。

（三）装片

降低载物台，取一张自制装片放在载物台上，使欲观察的材料对准物镜，用夹紧器夹住装片两端，并注意材料放置的方向。

（四）观察

观察任何标本都必须先用低倍镜，因为低倍镜的视野范围大，容易发现目标和确定观察的部位，然后再用高倍镜进行局部细节的观察。

1. 低倍镜观察 将制片放在载物台上后，用眼侧视，同时转动粗调节螺旋，使载物台处于低倍物镜的工作距离以外，再以双眼接近目镜，旋转粗调节螺旋，使载物台慢慢上升，直至视野中出现物像为止。注意所见像的大小及倒正。如一次调节看不到物像，应重新检查材料是否放在光轴线上，重新移正材料，再重复上述操作过程，直至物像出现并清晰为止。

2. 高倍镜观察 由于高倍镜只能把低倍镜视野中心的一小部分加以放大，所以使用高倍镜观察时，必须先用低倍镜调好焦距，将欲观察的部分移至视野最中央。然后直接转动物镜转盘至高倍镜（因高倍镜的工作距离很短，操作时要十分仔细，以防镜头碰击玻片），再用细调节螺旋微微调动，即可看到高倍放大的物像。在使用高倍镜时，切忌不经低倍镜观察而直接使用高倍镜，否则会使物镜和玻片触碰机会增大，甚至压碎玻片，损伤物镜。

此外，物镜由低倍到高倍的转换过程中，视野变小变暗，所以要重新调节视野亮度，此时可升高聚光器、放大孔径光阑或旋转亮度调节旋钮。

（五）取片

高倍镜观察后，须先转回低倍镜或将高倍镜移开后再取制片，勿在高倍镜下装、取制片，以防损坏制片或物镜。

（六）油浸物镜的使用

在使用油浸物镜（油镜）观察玻片前，必须先用低倍镜找到被检验部分，再换高倍物镜调正焦点，并将被检验部分移到视野中心，然后再换用油浸物镜。

在使用油浸物镜前，一定要在盖玻片上滴加一滴香柏油后才能使用。当聚光器镜口率在 1.0 以上时，还要在聚光器上滴加一滴香柏油（油滴位于载玻片与聚光器之间），以便使油浸物镜发挥应有的作用。

在用油浸物镜观察标本时，绝对不允许使用粗调节螺旋，只能用细调节螺旋调节焦点。如盖玻片过厚，则不能聚焦，应注意调换，否则就会压碎玻片或损伤镜头。

油浸物镜使用完毕需立即擦净。擦拭方法是用棉棒或擦镜纸蘸少许清洁剂（乙醚和无水乙醚的混合液，最好不用二甲苯，以免二甲苯浸入镜头后使树胶溶化，透镜松解），将镜头上残留的油迹擦去，否则香柏油干燥后不易擦净，且易损伤镜头。

（七）复原

观察结束后应先将载物台下降，再取下制片。取片时，要注意勿使制片触及镜头。制片取下后，再转动物镜转盘使物镜镜头与通光孔错开，升高载物台使两个物镜位于载物台上通光孔的两侧，具有反光镜的显微镜应将反光镜还原成与桌面垂直（使用电光源的此步省略）。擦净镜体后罩上防尘的塑料罩，用右手抓住镜臂，左手平托镜座，按号送回镜箱中并锁好镜箱。

五、放大倍数、镜口率和视野宽度

（一）放大倍数的计算

显微镜的总放大倍数是目镜和物镜原有放大倍数的乘积，例如目镜为 16 倍，物镜为 40 倍，则显微镜的总放大倍数＝16×40＝640 倍。

如果目镜的放大倍数过大，得到的放大虚像则很不清晰。所以，一般目镜放大倍数不宜过大。

（二）镜口率（数值孔径）

在观察物体时还常常提到分辨率这一概念。所谓分辨率是用来表示人眼或光学仪器能辨别两点之间最小距离的一种标志。所能分辨的两点之间的距离越小，可见的细节就越多，因而分辨率就越大。光学显微镜的分辨率可按 Abbl（1873 年）得出的公式求出。

$$A = \frac{0.61\lambda}{\eta \sin \alpha}$$

式中，0.61 表示常数，λ 为光波波长，η 为介质的折射率，α 为镜口角半数的正弦。

由此可见，被检物体细微结构的分辨率并不完全取决于放大倍数，还受光波波长、介质系数和镜口率的影响。在物镜镜头上常有 N.A 10/0.25、N.A 40/0.65 和 N.A 100/1.25（油浸物镜）标志，N.A 表示镜口率，也就是数值孔径。N.A 的值越大，分辨能力越高。

欲使显微镜发挥它的能力，除需要高级的物镜外，还必须有优良的聚光镜，因为物镜的分辨率受聚光镜镜口率的影响。物镜有效镜口率的计算公式如下：

物镜的有效镜口率＝（物镜镜口率＋聚光镜镜口率）/2

例如：镜口率为 1.0 的物镜与镜口率为 0.6 的聚光器配合使用，则物镜的有效镜口率就降低为 0.80。因此，聚光器的镜口率应该与物镜的镜口率一致。通常聚光器上仅刻有最大镜口率的数值，如 N.A 1.0、N.A 1.2、N.A 1.4 等。因此，在使用时要注意调节，使二者镜口率相等。

如果采用折射率更高的香柏油浸液，物镜的镜口率还可提高。

（三）视野宽度

目镜光阑所围绕的圆即视野宽度。视野宽度愈大，观察制片标本的面积愈大，则显微镜放大的倍数愈小。所以，视野宽度与放大率成反比。因此，当将低倍物镜转换成高倍物镜时，必须先把制片移到视野的正中央，否则制片的影像落到缩小的视野外面，反而找不到需要进一步放大的物像了。

六、测微尺的使用

常见的测微尺包括台式测微尺和目镜测微尺两种。

1. 台式测微尺　一种特制的载玻片，中央有一个具刻度的标尺，全长为 1 mm，等分成 100 小格，每一小格长 0.01 mm，即 10 μm（图 1 - 3）。

2. 目镜测微尺　放在目镜内的一种标尺，为一块圆形的玻璃片，直径 20～21 mm，正好能放入目镜内，上面刻有不同形式的标尺，有直线式和网格式两种。用于测量长度的一般为直线式，共长 10 mm，分成 10 大格，每一大格又分成 10 小格，共计 100 个小格。网格式的测微尺可以用来计算数目和测量面积（图 1-4）。

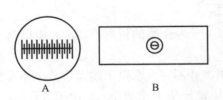

图 1-3 台式测微尺
A. 标尺的放大 B. 具标尺的载玻片

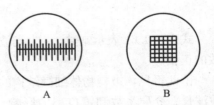

图 1-4 目镜测微尺
A. 直线式 B. 网格式

3. 长度测量法 以目镜测微尺和台式测微尺配合使用测量长度。先将目镜测微尺的圆玻片放入目镜中部的铁圈上，观察时即可见标尺上的刻度，但其格值是不固定的，可随物镜放大倍数的不同而改变。所以不能直接用它测量，必须先用台式测微尺确定它的格值。具体方法是：使上述两种测微尺的刻度重合（图 1-5），选取成整数重合的一段，记录下二者的格数，然后计算目镜测微尺每格的长度，即，目镜测微尺的格值（μm）＝两重合线间的台式测微尺的格数×10 μm÷目镜测微尺的格数。如

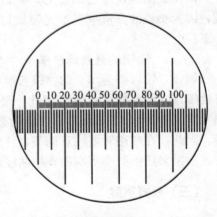

图 1-5 测定目镜测微尺每格的实际长度

目镜测微尺的 100 倍等于台式测微尺的 50 倍，即目镜测微尺在这一组合中每格实际长度为 5 μm。

七、使用光学显微镜的注意事项

① 显微镜等精密仪器使用时一定要严格地按照规程进行操作。

② 要随时保持显微镜的清洁，不用时用塑料罩罩好并及时放回盒内。机械部分如有灰尘污垢可用纱布擦拭；光学部分如有灰尘污垢，必需先用镜头毛刷拂去或用洗耳球吹去，再用擦镜纸轻擦，或用脱脂棉棒蘸少许乙醇和乙醚的混合液，由透镜的中心向外轻轻擦拭，切记用手指及纱布擦拭。

③ 用显微镜观察时，必须睁开眼睛，切勿紧闭一眼。应反复训练自己左

眼看镜，右眼绘图。

④ 标本必须加盖片，制作带水或药液的玻片标本时需两面擦干，再放置在载物台上观察，以免水液流出污染镜体。

⑤ 在机件不灵、使用困难时，千万不可用力转动，更不要任意拆修，应立即报告指导老师，要求协助排除故障，以免造成损坏。

⑥ 在观察时，显微镜上凝结的水珠要及时擦干，用完后应放置在干燥处保存。盒内应放一袋蓝绿色的硅胶干燥剂，当其吸水潮解变为浅粉红色时，应将其取出烘干至蓝绿色时才能再用。

八、电子显微镜技术和样品制备

电子显微镜技术（electron microscopy）是推动植物学科发展的重要技术。电子显微镜（electron microscope，EM）是以电子束为光源、电磁场做透镜，利用电子散射过程产生的信号进行显微成像的大型仪器设备。根据电子波照射样品方式、利用电子散射信号以及加速电压的不同等，可将 EM 分为各种类型，针对各种 EM 又有多种生物样品制备方法。其中，常规透射电子显微镜（transmission electron microscope，TEM）技术和扫描电子显微镜（scanning electron microscope，SEM）技术是植物学研究中常用的技术。

（一）透射电子显微镜结构及原理

透射电子显微镜是发展最早、应用最广泛的电子显微镜。因电子束穿透样品后，再用电子透镜成像放大而得名。在植物学上适用于观察植物组织、细胞内部的亚显微结构、蛋白质和核酸等生物大分子的形态结构。TEM 的分辨能力（resolving power）为 0.1～0.3 nm，放大倍数为 50～500 000 倍，加速电压（acceleration voltage）为 20～200 kV。

1. 透射电子显微镜的结构　普通电子显微镜由电子光学系统（简称镜筒）、供电系统和真空系统 3 部分组成（图 1-6）。TEM 的镜筒是由电子枪、6～8 级电磁透镜（electron magnetic lens）及一些光路元件组成的密闭圆筒，是 TEM 的核心。电子枪发射电子束作为光源。而电磁透镜则是由电流流过线圈产生的一个个磁场。当电子束穿过这些磁场时，磁场对运动电子的作用类似玻璃透镜对可见光的作用。根据每个磁场的功能并沿用光学显微镜的称谓习惯，自上而下依次称为：聚光镜（2～3 级）、物镜、中间镜（2～3 级）和投影镜。样品置于物镜中，观察室和照相室在投影镜下方。TEM 庞大的供电系统和真空系统是根据镜筒要求设计的。加速电压及透镜电流稳定度优于 10^6 Pa，

镜筒真空度优于 1.3×10^7 Pa。

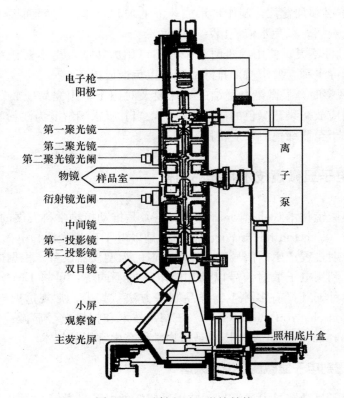

图 1-6　透射电子显微镜结构

2. 透射电子显微镜的基本工作原理　透射电子显微镜与普通光学显微镜的主要差别是用电子束代替可见光波做光源，用轴对称的电磁场做透镜。TEM 的聚光镜把电子束聚焦并照射在样品上，样品较薄或密度较低的部分电子束散射较少，这样就有较多的电子束通过物镜光阑参与成像，在图像中显得较亮；反之，样品中较厚或较密的部分在图像中则显得较暗。带有样品结构信息的透射电子（transmission electron，TE）进入成像系统，被各级成像透镜聚焦、放大后，投射在观察荧光屏上形成透射电子显微镜像。如果把屏幕移开，便可以拍照记录。

3. 使用操作程序（演示教学）

① 打开电源，抽真空。

② 演示取放样品。

③ 演示加速电压选择、物镜光阑选择、观察区域选择、放大倍数选择、

图像聚焦及拍照记录。

④ 关机操作。

（二）透射电子显微镜样品制备

透射电子显微镜样品制备，针对不同的观察目的与不同的材料已有几十种不同的样品制备方法。如超薄切片技术、负染色技术、电子显微镜细胞化学技术、免疫电子显微镜技术、电子显微镜放射自显影技术、真空喷镀技术、核酸电子显微镜技术、冷冻蚀刻技术及其他冷冻制样技术，同时还有各种技术方法的交叉结合等。

超薄切片技术是 TEM 样品制备最基本和最常用的技术，其制样过程与石蜡切片有许多相似之处，都包括：取材、固定、脱水、包埋、切片和染色等基本步骤。所不同的是使用的试剂不同，超薄切片技术对样品制备过程中的各种条件要求更严格、更精细。

1. 实验材料与用具

（1）器材。超薄切片机、制刀机、玻璃条、恒温箱、控温烤箱、冰箱、光学显微镜、磁力搅拌器、手术剪刀、眼科镊子、铜网镊子、量杯、量筒、烧杯、培养皿、注射器、吸管、青霉素小球、玻璃缸、载玻片、乙醇灯、铜网、滤纸、牙签、睫毛笔、样品盒、包埋模具和医用胶布等。

（2）试剂。0.2 mol/L PBS、2.5％戊二醛、1％ OsO_4、50％乙醇、60％乙醇、70％乙醇、80％乙醇、90％乙醇、无水乙醇、90％丙酮、无水丙酮、环氧树脂 Epon12、DDSA、MNA、DMP - 30、醋酸铀染液和枸橼酸铅染液等。

（3）材料。茎尖或其他植物组织。

2. 方法与步骤　包括取材、固定、脱水、浸透、包埋、制备超薄切片及电子染色等步骤。

（1）取材。取材过程要注意以下几点：①取材部位要准确；②无损伤，具代表性；③样品块要小，一般切成 1 mm³ 小块，起码在某一个方向上的厚度要小于 1 mm；④组织离开活体材料后尽快（1 min 之内）放入预冷的戊二醛固定液中（4 ℃）保存（图 1 - 7）。

（2）固定。固定是电子显微镜样品制备中最重要的一环，其目的是使细胞生命过程立即终止，使细胞结构和化学成分保持生活状态。电子显微镜材料固定一般采用双重固定法，即先用戊二醛进行前固定，然后再用锇酸进行后固定。两次固定之间要进行漂洗。

① 戊二酸前固定：将所取材料立即投入预冷的 2.5％戊二醛溶液中，4 ℃条件下固定 3 h。若不马上进行下面的制备程序，可保存在 2.5％戊二醛溶液

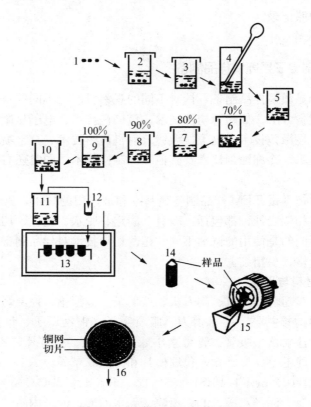

图 1-7　超薄切片的制备过程

1. 取材　2. 醛类固定　3. 缓冲液清洗　4. 锇酸固定　5. 缓冲液清洗

6～9. 丙酮或乙醇系列脱水　10. 环氧丙烷浸透　11. 包埋剂浸透　12. 包埋

13. 聚合　14. 修块　15. 超薄切片　16. 染色

固定液中（4 ℃下保存）。

　　说明：戊二醛（glutaraldehyde）（$C_5H_8O_2$，相对分子质量 100.12）是一种五碳双醛，市售浓度多为 25% 水溶液，无色透明，pH4.0～5.0。氧气、高温、中性或碱性均可使其失去醛基，应低温密封保存。两个醛基与蛋白质和核酸等的氨基发生链作用，可以较好地固定蛋白质、核酸和多糖等，能保存微管、糖原、核蛋白及细胞基质等，不宜使酶失活，可以用于细胞化学研究。但戊二醛不能固定脂类，对脂质颗粒和膜结构等的保存效果不好。如果对保存超微结构（尤其膜系统）有较高的观察要求，经戊二醛溶液单固定的样品不宜保存过长时间，在 1 周内进行常规制备程序为好。2.5% 的戊二醛固定液对组织的平均渗透深度为 0.6 mm，这是要求取材小的原因之一。

② 锇酸后固定：进行后固定以前，材料要用 0.1 mol/L PBS 漂洗 3 次，每次 10 min。避免戊二醛与 OsO_4 发生氧化还原反应生成沉淀，所以要彻底洗干净。漂洗后取出，转入 1% OsO_4 固定液中，4 ℃条件下固定 1～2 h（在通风橱内进行）。

说明：四氧化锇（俗称锇酸）（OsO_4）（相对分子质量 254.2），呈淡黄色结晶，其水溶液呈中性，对氮有较强的亲和力，能与蛋白质和氨基迅速结合形成交链化合物，对含蛋白质的各种结构成分均能固定。能与不饱和脂肪酸反应生成四氧化锇二酯化合物，适合含有脂类的结构固定。因为锇是一种高原子序数元素，在用 OsO_4 固定样品的同时，还起到一种电子染色作用。但是 OsO_4 不能固定核酸，对糖原和微管等保存不好。同时，OsO_4 又是酶的钝化剂，不能用于细胞化学研究。OsO_4 固定时间太长不仅易丢失成分，而且会使组织变脆，难切片。OsO_4 具有极强的挥发性和毒性，在空气和光照条件下，都可能还原成水和二氧化物而减弱固定效果，故不易长期保存，呈棕色或黑色时均被认为失效。1% OsO_4 固定液对组织的渗透深度比戊二醛还差，有实验证明仅 0.25～0.5 mm 深度内有迅速均匀的固定，稍大的组织易形成固定梯度。

（3）脱水。

① 将 OsO_4 固定后的材料取出，先用吸水纸吸干净 OsO_4 固定液，然后用 0.2 mol/L PBS 漂洗 3 次，每次 10 min，以避免脱水时 OsO_4 与乙醇产生氧化还原反应，生成沉淀。

② 将漂洗后的材料依次放入 50% 乙醇、60% 乙醇、70% 乙醇、80% 乙醇、90% 乙醇和 90% 乙醇与 90% 丙酮的 1∶1 混合液及 100% 丙酮中，每级 15～20 min，使组织中的水分充分除去。

说明：脱水剂一般用乙醇、丙酮和环氧丙烷等，利用它们具有既能与水，也能与包埋剂混合的特点，以取代样品中的水分，使水分充分除去。浓度梯度脱水是为了减少样品收缩。

（4）浸透。脱水后的材料在包埋前要经过浸透处理，即用包埋剂与脱水剂按浓度梯度分级换液，使包埋剂逐渐取代脱水剂渗透到组织中去，最终使组织细胞内所有空隙均充满包埋剂。

具体操作方法：在室温下或 37 ℃条件下将样品置入 3∶1 的 100% 丙酮溶液与包埋剂的混合液，10～30 min；1∶1 的 100% 丙酮溶液与包埋剂的混合液，30～60 min；1∶3 的 100% 丙酮溶液与包埋剂的混合液，1～2 h 或过夜；纯包埋剂，2～5 h 或过夜。

（5）包埋。包埋的目的是让样品材料获得一定的硬度、弹性和韧性，以便制成超薄切片。操作过程如下：在包埋模具内滴一滴包埋剂，把样品置入并使之定位于合适位置（因模具而异），缓缓注入包埋剂，然后放入烘箱中进行聚合（使包埋剂固化）。控温及时间依次为 37 ℃、12 h，45 ℃、12 h 和 60 ℃、24 h。

说明：在包埋过程中，充分浸透的样品包埋在包埋剂中，加温时包埋剂逐渐由单体聚合成高分子，样品及包埋介质获得高度的稳定性、均匀性以及适合的硬度和弹性。Epon812 为进口环氧树脂（epoxy resin）是一种优良的包埋剂；DDSA（dodecenyl succinic anhydride）为十二烷基琥珀酸酐，是一种软化包埋块的长链脂肪族分子；MNA（methylnadic anhydride）为六甲酸酐，可以硬化包埋块；DMP‐30 为二甲基氨基甲基苯酚，可以加速固化。

（6）制备超薄切片。制备超薄切片的主要步骤有：修块（包埋块粗修）、制备玻璃刀、制备支持膜、半薄切片、修块（包埋块细修）和制备超薄切片。

① 包埋块的粗修：在对包埋样品进行超薄切片前，先要粗修包埋块，机修和手修均可。一般先在解剖镜下小心地把块顶端的包埋介质修去暴露出组织，再把样品四周修成锥体形，顶面修成梯形。

② 玻璃刀的制备：超薄切片常用玻璃刀或钻石刀。玻璃刀常用含 72%～75% 二氧化硅、厚 5～8 mm 的硬质玻璃在专门制刀机上制备。制备好的玻璃刀还要在刀刃背部用胶布或银带围成一个水槽（钻石刀水槽是固定的），用石蜡封固，以方便切片的收集。

③ 支持膜的制备：通常用铜网做超薄切片的载网，类似光学显微镜下载玻片的作用。电子显微镜细胞化学样品则需要用镍、铂、金和不锈钢或尼龙网等。载网直径一般为 3 mm，厚 20～50 μm，网孔数量 1～400 目不等，形状多种多样。网上一般要覆盖一层支持膜，膜的厚度 10～20 nm，以防止漏片和卷片，加强切片的稳定性（较大的切片最好不用支持膜）。常用支持膜为 Formvar膜（聚乙烯醇缩甲醛膜）或火棉胶膜，也可用碳膜等。

④ 切片：切片可分两步进行。

A. 半薄切片　先将粗修好的包埋块在超薄切片机上切成厚 0.5～1 μm 的半薄切片，用甲苯胺蓝染色或亚甲蓝、天青Ⅰ‐碱性品红染色后，在光学显微镜下观察。其目的有三：一是可以根据半薄切片精确定位，准确保留超薄切片位置，避免丢失有价值的结构；二是了解样品包埋质量，以确定是否继续做超薄切片；三是半薄切片可以得到比一般石蜡切片更清晰的图像，所以便于进行定量形态学分析，而且可与超薄切片对照观察研究。

B. 超薄切片　超薄切片用超薄切片机完成。根据推进原理，切片机分为热膨胀式和机械推动式两大类。TEM 常规超薄切片厚度最佳值为 50～70 nm，观察干涉色可以判断漂在刀槽里的切片厚度，以便确定用铜网捞取哪些切片。

超薄切片要求在防震、恒温和无较大气流流通的环境下进行，否则会影响切片效果。

（7）电子染色。电子显微镜观察时，切片需要有一定的反差，故常用重金属盐染色，也称电子染色。常用重金属盐有铀盐和铅盐。

① 铀盐染色：醋酸铀可与大多数细胞成分结合，尤其易与核酸结合，不易出现沉淀。但铀盐见光分解，应避光染色。用醋酸铀染液染 20～30 min 后，先用双蒸水漂洗，再用滤纸吸干。

② 铅盐染色：铅盐易与蛋白质和糖类结合。因为铅盐与二氧化碳反应生成碳酸铅沉淀，所以防止铅污染至关重要。在染色的环境中加一些固体氢氧化钠或用 0.1 mol/L 氢氧化钠浸湿的滤纸，以吸附二氧化碳，减少环境中的二氧化碳污染。

说明：几十纳米很均一厚度的植物样品，大都是由碳、氢、氧和氮等低原子序数物质组成的结构，在 TEM 下难获得清晰的高反差像。所以，电子染色是非常必要的。它利用重金属盐（铀盐和铅盐）与组织细胞内的微结构发生不同程度结合，提高结构间的质量-厚度差异，进而造成电子散射的强弱对比，以形成高反差透射电子显微像。

（三）扫描电子显微镜结构及原理

扫描电子显微镜（scanning electron microscope，SEM）适于观察各种样品的表面形貌。在植物学上，SEM 适合于观察研究植物组织和细胞表面或断裂面的三维显微结构及亚显微结构。配合适当的样品制备技术或分析技术，可以对植物组织和细胞表面或断裂面成分进行定性定量的综合分析。SEM 的分辨能力为 3～10 nm，放大倍数 3～300 000 倍，加速电压为 1～30 kV。

1. 扫描电子显微镜的结构与工作原理　SEM 由电子光学系统（镜筒）、扫描系统、信号检测及显示系统、供电系统和真空系统 5 部分组成（图 1-8）。其中，镜筒是由电子枪和几级电子透镜和样品室组成的。在 SEM 镜筒中，所有电子透镜均位于样品上方，主要起聚焦电子束的作用，而且一直工作在聚焦状态（TEM 一般工作在散焦状态），形成的电子束比 TEM 细 3 个数量级，可达 3～10 nm 或更细，所以 SEM 的电子束有"探针"之称。SEM 的分辨能力虽然不如 TEM，但却具有很强的立体感，可以在亚细胞水平上生动地显示生物样品的三维结构。

扫描系统控制"探针"在样品表面逐点逐行地扫描，逐点逐行地发生电子散射。被激发产生的样品表面二次电子信号，通过收集、转换和放大，在观察及照相荧光屏（CRT）上同步扫描。在这里，二次电子信号仅仅与形貌参数

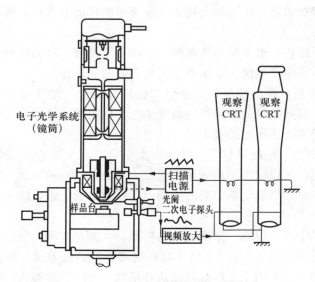

电子光学系统
（镜筒）

观察
CRT

观察
CRT

扫描
电源

光阑
二次电子探头

视频放大

样品台

图1-8　扫描电子显微镜的结构

有关，便在 CRT 上得到样品表面形貌的立体图像。同时可以进行拍照记录。

2. 扫描电子显微镜的使用（演示教学）

① 打开电源，抽真空。

② 演示取放样品。

③ 演示加速电压选择、观察区域选择、放大倍数选择、倾斜选择、图像聚焦及拍照记录。

④ 关机操作。

（四）扫描电子显微镜样品制备

SEM 生物样品的制备，除了使用与 TEM 相同的固定液之外，其他方面与 TEM 的样品制备有较大的差异。为了得到无损、真实而清晰的表面形貌结构，在 SEM 样品制备的全过程中必须十分小心地保护观察面。取材时，针对不同的样品和不同的观察要求，采取不同的技术，使被观察表面充分地暴露出来；脱水时，为了避免观察表面皱缩变形，设计了特殊的干燥方法；同时，还必须对样品进行导电处理，在样品表面喷镀一层厚度适当、均匀的金属膜。

1. 试验材料与用具

（1）器材。临界点干燥器、离子溅射仪、超声波清洗机、电吹风机、磁力搅拌机、干燥器、抛光膏、刀片、剪刀、镊子、样品盒、乙醇灯、牙签、竹签、培养皿、烧杯、量筒、注射器、载玻片、脱脂棉和导电胶等。

（2）试剂。2.5%的戊二醛溶液、1% OsO_4 溶液、0.2 mol/L PBS 溶液、乙酸异戊酯、液体二氧化碳、丙酮和双蒸水等。

（3）材料。植物茎、叶自然表面。

2. 方法与步骤

（1）准备样品托。用抛光膏擦净样品托，然后用丙酮洗净抛光膏，电吹风吹干备用。

（2）取材。注意保护好被观察表面，彻底清洗干净，显露出最佳位置。样品体积应根据观察要求及样品托大小等确定。

（3）固定、漂洗和脱水。由于 SEM 是观察样品某一表面形貌的，所以固定时间可以比 TEM 短。另外，脱水时，到纯乙醇级即可。漂洗可参考 TEM 样品制备。

（4）用乙酸异戊酯置换乙醇。弃去乙醇，用乙酸异戊酯与纯乙醇的 1∶1 混合液浸 10～20 min。

（5）二氧化碳置换乙酸异戊酯及临界点干燥。从纯乙酸异戊酯中取出样品，保持湿态时置入临界点干燥仪（critical point dryer）的样品盒中并放进样品室（预冷）；盖紧样品室，充入液体二氧化碳，液面高出盒面；缓慢排出气体二氧化碳，直至样品保持湿润、周围有少量液体二氧化碳为止；重复充液排气 2～3 次，然后向样品盒内注入液体二氧化碳（高度不超过 80%），加热、加压和排气，取出样品放入干燥器内备用。临界点干燥是利用水和气的临界状态下表面张力为零的特征，使样品中的液体气化而干燥，避免了表面张力对结构的破坏。

（6）粘贴样品。用少量导电胶涂在样品托上，用镊子轻夹样品侧面，观察面朝上置于样品托上。

（7）离子溅射镀膜。把样品托插入离子溅射仪真空室样品台上，操作溅射仪，可使样品表面覆盖一层 10～15 nm 厚的金属膜。溅射镀膜的基本原理是：高能粒子轰击金属靶（金、铂和钯铱合金等），钯原子获能后由靶表面逸出沉积在样品表面，形成连续的导电膜。这种金属膜不仅可以导电，受激产生较强的二次电子发射，而且使样品表面具有"质量-厚度"的一致性。严格控制膜的厚度是获得清晰、真实的二次电子表面形貌成像效果的重要条件。

九、思考题

1. 普通光学显微镜的成像原理是什么？如何正确使用显微镜？

2. 如何进行透射电子显微镜样品的制备？

实验二　植物制片技术

植物制片技术是研究植物结构并适于显微观察的基本方法。制片方法有多种，若根据保存时间长短，可分为临时制片和永久制片两类；根据切片与否，有切片法和非切片法；而根据切片厚度又有厚切片、半薄切片和薄切片之分等。虽然有多种不同的制片方法，但是其基本要求是相同的，即尽量保持原来的形态结构，并使结构清晰便于观察。这里仅介绍适于光学显微镜观察的几种制片方法。

一、临时制片法

临时装片法是将新鲜、少量的植物材料（如单个细胞、薄的表皮或切成的薄片等）放在载玻片上的水滴中，再盖上盖玻片做成玻片标本的方法。这种方法制成的标本，可以保持材料的生活状态和天然色彩，一般多作为临时观察使用或用某些化学试剂作组织化学反应。也可根据需要选择适宜的染料染色，制成永久性制片标本。临时装片的制备方法如下：

1. 擦净载玻片和盖玻片　即将清洗的玻片用纱布擦干。擦载玻片时，用左手的拇指和食指夹住载玻片的边缘，右手将纱布包住载玻片的上下两面，反复轻轻地擦拭。

擦盖玻片时，应十分小心。应先把纱布铺在右手掌上，用左手拇指和食指夹住盖玻片的边缘，将其放在纱布上，然后右手拇指和食指从上下两面隔着纱布轻轻夹住盖玻片，注意使用力量要均匀，慢慢地轻擦，这样才不至于把盖玻片擦碎。

2. 放材料　先将玻璃滴管吸水，滴一滴在载玻片的中央。用滴管或毛笔挑选小而薄的材料，放置于载玻片上的水滴中。

3. 加盖玻片　右手持镊子，轻轻夹住盖玻片，使盖玻片边缘与材料左边水滴的边缘接触，然后慢慢向下落，放平盖玻片。这样可使盖玻片下的空气逐渐被水挤掉，以免产生气泡。如果盖玻片下的水分过多，则材料和盖玻片容易浮动，影响观察，可用吸水纸条从盖玻片的侧面吸去一部分水；如果水未充满盖玻片，容易产生气泡，可从盖玻片的一侧再滴入一滴清水，将气泡驱走，即可进行观察。

4. 封片　如果临时装片尚需保存一段时间，则可用10%～30%甘油溶液代替清水封片。并将用甘油封好的装片平放于大培养皿中（培养皿底部先垫一湿滤纸）保存。这样既可防尘又可防止水分过分蒸发。封片后，当其中的水分丢失一部分时，可在盖玻片的一侧用滴管补加20%或30%甘油溶液，如此反复进行，使材料完全浸于甘油中。这种临时装片可以维持一个月以上，做示范教学或科研分析用均可。

二、徒手切片法

徒手切片法是植物学教学与研究中普遍应用的一种制片方法。此法的优点是用具简单，方法简便，易于保持细胞的生活状态，也可进行组织化学鉴定，还可制成永久制片。缺点是切片厚度往往不均匀。

切片前，首先将材料切成2～3 cm的小段，并将材料断面削平，然后用清水润湿材料断面和刀面，以减少材料与刀面之间的摩擦力。切片时，用左手拇指、食指和中指捏住材料，使材料略高于手指，以免切片时伤及手指。右手持刀，将刀平放在左手食指上，刀口朝内指向材料，并与材料断面平行，然后手腕不动，仅靠臂力自左前方向右后方拉切。切片过程中，用力要均匀，动作要迅速，切忌中间停顿或拉锯式切割。可用刀的不同部位切数片，然后用毛笔将刀片上存放的薄片移入到盛水的培养皿中，再用镊子夹住盖玻片，使盖玻片的一侧与水滴边缘接触，然后缓慢放下，使盖玻片与载玻片之间充满水，如有气泡，应重新放置盖玻片。

徒手制作的切片可以直接在光学显微镜下观察，也可经过简易染色，使结构更清晰。常用的染料有0.1%亚甲蓝、0.5%～1%中性红和1%番红水溶液。

三、滑走切片法

滑走切片法是利用滑走切片机，切成一定厚度、完整而均匀的薄片。此法适用于木材或硬组织材料。当木材质地过于坚硬时，可采用水煮法排除木材中的空气，再放入甘油乙醇软化剂中进行软化处理，之后再进行切片。

进行切片前，先将切片刀固定在夹刀架上，然后将材料夹在两片软木中并固定在切片机的固着器上，材料需露出软木0.5 cm。调好材料的高度，使刀刃靠近材料的切面，并使材料与刀刃平行。调整厚度调节器，使其符合切片的要求。切片时，用右手扶切片刀的夹刀滑行部分，均匀用力时切片刀沿滑行轨道向后移动，随之切下切片并黏在刀的表面。用湿毛笔将切片移至培养皿中，然后将刀推回。把刀向后推的同时，夹物装置即按给定的厚度上升，如此反复，便可获得多片厚度均匀的切片。

对于切好的切片，可将其制成临时装片或进行简单的显微化学处理后观察，也可制成永久制片。

四、离析法

离析法是用一些化学药品将植物细胞间的胞间层溶解，使细胞彼此分离，从而获得单个完整细胞，在显微镜下即可观察到细胞的立体形态结构。经分离的材料可做临时观察，也可制成永久制片。通常用的离析液为各种酸，最常用的是铬酸-硝酸离析液（以 10％铬酸和 10％硝酸等量混合而成），也可用盐酸-草酸铵作为离析液。离析时间依材料性质和组织块大小而定。离析过程中要经常镜检，以细胞彼此分离为准。离析后移去离析液，用清水漂洗多次，当漂洗液无黄色时，即可保存在 50％乙醇或 70％乙醇中备用。

五、压片法

压片法是将植物的幼嫩器官或组织经过处理后压成一薄层，以便于观察。此法主要应用于植物染色体的观察，多用于根尖或茎尖。

压片法包括取材、预处理、固定、解离、染色、压片、镜检和封片等步骤。

1. 取材与预处理　用刀片截取 2～3 mm 长的植物根尖或茎尖，放入 0.05％～0.2％秋水仙碱、饱和的对二氯苯和 0.004％～0.005％ 8-羟基喹啉等溶液中进行预处理，使染色体缩短变粗，并彼此分散。

2. 固定　固定的目的是使细胞尽量保持原来分裂状态。一般采用卡诺式固定液进行固定，固定 1～24 h。固定后，若不立即进行压片，可保存在 70％乙醇中。

3. 解离　材料固定后，一般利用盐酸进行解离，目的是将细胞壁之间的胞间层水解，使细胞分离。具体方法是：先将固定后的材料在 50％乙醇中浸泡 5 min，再用蒸馏水洗涤 5 min，然后转入 1 mol/L 的盐酸溶液中，置于 60 ℃恒温水浴锅中解离 2～8 min。

六、涂片法

涂片法主要用于观察微小颗粒状材料，如孢子和花粉等，操作程序比压片法更简单，有取材、固定、涂布和染色等步骤。以观察花粉发育状况为例介绍此法。

取刚开放而花药未破的花朵，若需存储，则需置于固定液中固定 24 h，再经 95％乙醇和 85％乙醇分别浸洗 10～15 min，最后转入 70％乙醇中长期保存。涂布时，新鲜花药可直接涂抹在载玻片上；若使用保存的材料，需经 50％乙醇浸泡 10～15 min 和清水漂洗后再进行涂抹。涂布完毕后，滴一滴苏木精染液，待染液快干时，再加一滴 45％醋酸，使其软化与分色，盖上盖玻片，即可进行观察。

七、整体封固法

整体封固法适用于小的或扁平的材料，如单细胞、丝状或叶状的藻类、菌类、蕨类的原叶体、种子植物的表皮和花粉粒等。通常要经过取材、固定、染色、脱水、透明和封固等步骤，因所用的脱水剂、透明剂和封固剂不同而有多种方法，如甘油法、甘油冬青法、甘油-二甲苯法和松节油法等，这里只介绍其中的甘油法。

甘油法是用甘油脱水和透明，并封固于甘油中。此法简单，并可保持植物的自然颜色。下面以水绵为例，介绍整体封固制片的操作步骤。

① 取少许干净的水绵丝状体置于培养皿中，加入多量的 10％甘油溶液，以滤纸盖于液面上，放于温暖的地方，使其慢慢蒸发至纯甘油浓度，以使材料逐渐脱水和透明。

② 取出少量水绵放在载玻片中央，用显微镜检查无收缩或变坏后，在材料上滴一滴干净的纯甘油，并将丝状体分开，盖上盖玻片。若甘油过多，则需将多余的甘油吸掉。

③ 用加拿大树胶沿盖玻片四周封边。另外，水稻、小麦和棉花等作物的整体胚囊，也可应用此法进行胚乳核分裂的观察。

八、石蜡切片法

在实验中使用的永久制片主要是通过石蜡切片法制得的。石蜡切片法是在光学显微镜的制片技术中最常用的一种方法。它是将材料经固定、脱水和透明浸蜡后，包埋在石蜡中，再用专用的切片机切成薄片制成永久制片的方法。该法的优点是适用范围广，制片手段完备，并能切成极薄而连续的切片；缺点是操作过程烦琐，制作时间较长。

依染色不同，石蜡切片法又有番红-固绿滴染和苏木精整染等方法，其中番红-固绿滴染法最为常用。下面仅介绍番红-固绿双重滴染法。

各种硬度适中的植物材料（如根、茎和叶等器官）均可用番红-固绿双重滴染的制片方法进行。此法可使木质部导管和纤维等染成红色，将韧皮部和薄壁组织等染成绿色。制作过程简述如下：

1. 取材和固定 根据制片目的选择具有典型性和代表性、健康的材料，用锋利的刀片将材料分割成小块（宜小不宜大，一般不超过 $1\ cm^3$），并立即投入到固定液（如 FAA）中进行杀死与固定，以保持材料原本的状态与结构，固定时间在 24 h 以上。

2. 冲洗或保存 固定后的材料须用水或乙醇冲洗（视固定液种类而定），然后放入 70%乙醇中保存。

3. 脱水 脱水是为了除去植物组织中多余的水分，以便于后续的透明和包埋等操作。脱水是制片中十分关键的步骤，需要特别小心处理。将材料中水分除去，常用乙醇逐级脱水法，即 50%乙醇→60%乙醇→70%乙醇→85%乙醇→95%乙醇→纯乙醇，每级 2～4 h。

4. 透明 脱水后还需用石蜡溶剂（如二甲苯）将乙醇替换。一方面可使材料透明干净，另一方面便于石蜡渗透到材料中。可以说，二甲苯是乙醇和石蜡之间的桥梁。通常亦采用逐级替换方法，即 2/3 纯乙醇＋1/3 二甲苯→1/2 纯乙醇＋1/2 二甲苯→1/3 纯乙醇＋2/3 二甲苯→纯二甲苯，每级 2～3 h。

5. 浸蜡与包埋 先用石蜡逐渐取代二甲苯，再用纯石蜡包埋材料。石蜡的熔化温度在 52～60 ℃。

具体过程是：常温下将削好的蜡屑逐渐投入盛有材料的二甲苯小瓶中至饱和→36～40 ℃温箱中加蜡屑→将小瓶中原液倒去 1/2 后补入 1/2 纯蜡（已熔化的），此过程重复 2～3 次→全部换纯蜡 2 次（每步骤 2 h）→包埋。包埋的具体方法是：先叠成小的纸盒，再将熔化的石蜡倒入其中，迅速将材料移至盛石蜡的纸盒中，用镊子或解剖针将材料摆正位置后，盒中石蜡逐渐凝固。为加速凝固，当石蜡表面凝结成乳白色时，将盒移入冷水中浸泡即可迅速变成硬块。

6. 切片 先将包埋的蜡块按欲切的切面进行修块，并把修好的蜡块粘在木块（或载蜡器）上，然后将其安装在切片机的夹物部上。再把切片刀安在夹刀部，调整厚度计，控制切片厚度（一般 8～12 μm 为宜）。

　　切片时，右手摇动旋转轮手柄，左手用毛笔将切成的连续蜡带挑起，切一段后（大约 30 片）用毛笔将此蜡带移至一张黑纸板上，准备粘片。

　　7. 粘片　蜡带经检查合格后，即可进行粘片。其方法是：在擦净的载玻片上涂一薄层粘贴剂（由蛋清和甘油调制），再往载片上滴加蒸馏水，选取 1～3 片蜡片材料放到有水的载片上，然后将载片在乙醇灯上微热使蜡片展开，再在温台上（36～40 ℃）进一步展片，最后放入温箱或无尘处自然干燥。如果不需要染色，就可以用树胶封片。

　　8. 染色　为了使切片各部分组织分辨得更清楚，常进行染色处理。番红-固绿双重染色过程是：二甲苯蜡 10～15 min→95％乙醇→85％乙醇→70％乙醇→50％乙醇→30％乙醇→蒸馏水→番红（水溶液燃料）→水洗浮色→30％乙醇→50％乙醇→70％乙醇→85％乙醇→固绿→95％乙醇→100％乙醇→1/2 二甲苯→纯二甲苯→纯二甲苯。以上各步骤，除特殊标注外，处理时间均为 1～2 min。

　　固绿之后再次进行的脱水与透明是为了除去切片中进入的水分。

　　9. 封片　通过以上过程后，取已染好色的载片，加一滴加拿大树胶，用清洁的盖片封好即可。

　　10. 烘干、贴上标签　最后一步即为烘干制片，贴上标签。

九、思考题

1. 常用的植物制片方法有哪些？如何利用压片法制作洋葱根尖纵切片？
2. 简述石蜡切片法的步骤及注意事项。

实验三 植物绘图技术

植物绘图是研究植物最基本和最重要的手段之一，植物图能更形象、更生动地表现植物形态结构特征，它和文字记载起着相互补充的作用，因此，学习并掌握植物绘图技术，对于学生与植物学工作者是必不可少的。

一、植物绘图的基本要求

1. 高度的科学性和准确性 注重形体的正确、比例的正确以及倍数和色彩的正确。对于示意图，一定要符合植物体的内在规律。

2. 真实感 包括质感和立体感两方面，质感是要绘出植物体的薄、厚、光滑、粗糙、柔软和坚硬等特征；立体感是要表现出立体形象，即在画面上要表现出植物体各部分的远近、疏密和层次。

3. 精细而美观 要求布局严谨，画面简洁，线条流畅，彩图的颜色鲜艳、协调。

4. 专业性 要符合制版要求，如线条的粗细、疏密和版面的清晰度等。

二、绘图仪器和用具

1. 用具 铅笔（HB、2H、3H、1B 和 2B）、橡皮、画板、直尺、圆规、放大尺（比例规）、放大镜、描绘桌、绘图纸和绘图钢笔等。

2. 仪器 显微镜和实体解剖镜、幻灯机、投影仪、扫描仪和反射幻灯机等。

三、绘图方法与步骤

1. 观察 绘图前要对被画的对象（植物细胞和组织等）做细致观察，对其各部分的位置、比例和特征等形成完整的感性认识，确定所画材料的部位具有准确性、典型性和代表性。

2. 绘制草图 绘制草图前，首先要合理构图和布局。根据绘图纸大小和绘图数目，确定某个图在绘图纸上的位置和大小。通常应在中心偏左，右侧留有引线和注字的位置。通过测量，获得正确的绘图比例，并在草图上做记号，尽量避免图像过大或过小，或偏向纸的一角。

将绘图纸放在显微镜的右方，左眼观察显微镜图像，右眼看绘图纸绘图。绘制草图时先用较软的 HB 铅笔，将所观察对象的整体和主要部分轻轻描绘在绘图纸上，落笔要轻，尽量不涂改。

3. 核对定稿　对照所观察的实物全面检查草图，进行修正和补充。改用 2H 或 3H 铅笔绘制线条和衬阴，之后擦去草图。

（1）线条的绘制方法。一般要求笔尖斜着顺向走，不能斜倒或正面运笔（图 3-1）。在细微结构处运笔要屏住呼吸，防止手颤抖。线条要求粗线均匀、光滑，不露笔尖起落和接笔痕迹。

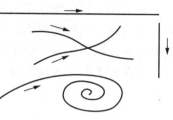

图 3-1　运笔方向

（2）点点衬阴。点点衬阴是用点的疏密、大小来表示明暗色调。对于细胞图和组织器官等均可用点点衬阴来显示图像的立体感，使植物图更生动。通过点的密度来反映材料的明暗和质地。粗密点用来表示背光、凹陷或色彩浓重的部位；细疏点用来表现受光面或色彩淡的部位。点点要圆，用笔尖垂直于纸面转一周抬起，如此打点。

4. 标注部位名称　图画好后要对图的各个部位做简要图注（图 3-2）。图注一般在图的右侧，汉字要求用楷书横写，文字要工整、清晰、美观而统一。所有引线右端要在同一垂直线上。每一幅图要有一个图题，注明所绘图的部位与切面，图题位于图的下方中央，并标注放大倍数。实验题目写在绘图纸的上方中央。注字和引线一律要求用铅笔，不得用钢笔、圆珠笔或有色铅笔等。

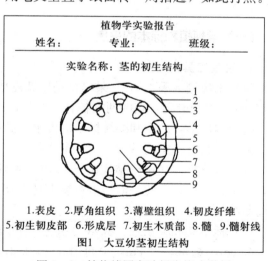

植物学实验报告

姓名：　　　专业：　　　班级：

实验名称：茎的初生结构

1　2　3　4　5　6　7　8　9

1.表皮　2.厚角组织　3.薄壁组织　4.韧皮纤维
5.初生韧皮部　6.形成层　7.初生木质部　8.髓　9.髓射线
图1　大豆幼茎初生结构

图 3-2　植物绘图实验报告格式举例

四、思考题

1. 植物绘图有哪些基本要求？
2. 简述植物绘图的方法及步骤。

实验四 植物标本制作技术

植物标本是植物在室内保存的真实记录，是其他形式不可替代的重要资料。植物标本的种类很多，分类方法不一，如有按制作方式划分的蜡叶标本、浸制标本、风干标本、沙干标本和玻片标本等；也有按植物器官划分的叶脉标本、干花标本和果实标本等。下面将详细介绍蜡叶标本和浸制标本的采集和制作方法。

一、蜡叶标本的采集与制作

蜡叶标本是经过采集、加工和消毒处理，能够长期保存的植株片段或整体。

（一）常规植物标本的采集

1. 采集工具

（1）采集箱（采集桶）。采集箱是用铁皮或其他金属薄片制成，长 54 cm，宽 18 cm，中间有门，箱的两端各有一个环，以栓背带。使用采集箱可以较好的保持标本原形，减少和减缓标本的失水，而且便于在丛林中行走而不会使标本受损；但它有一定的重量，占一定体积，携带相对不方便。

（2）采集袋。多用较结实的塑料袋（或帆布袋、尼龙袋等）做成，体积小，重量轻，携带方便。但标本在袋中易因互相挤压而损坏，也易失水干燥，从而影响后期的压制。

（3）标本夹和吸水纸。标本夹由上、下两块用木条做成的夹板组成，长 40～45 cm，宽 30～35 cm，中间用 5～6 根 1.5 cm 厚的木条钉在两根 5 cm×6 cm 硬方木条上。夹板中间放置吸水纸及采集的标本。吸水纸最好用黄草纸，以利于吸收标本中的水分。

（4）小锹。用于挖掘草本植物的根或地下变态茎等。

（5）枝剪。分为手剪和高枝剪两种，用于剪取木本植物的枝条和整理标本时用。

（6）GPS 定位仪和指南针。前者用于测量植株采集点的海拔和经纬度，以了解被采植物生长地的地理环境等信息；后者用于指示方向。

（7）放大镜。用于野外采集标本时观察植物各部分较细微的特点，如表皮毛的类型等。

（8）小纸袋。用牛皮纸制成，也可用信封，用于盛取种子或果实以及标本上脱落下来的花、果和叶。

（9）采集记录本（签）。用于野外采集记录（表4-1）。

表4-1　野外标本采集签

（××省）植物：				
采集人及号数：		年　　月　　日		
产地：		经度：		纬度：
海拔：	环境（如森林、草地、山坡等）：			
性状：		株高：		
胸高直径：		树皮：		
叶（正反面的颜色或有毛否）：				
花（花序、颜色等）：				
果实（颜色、性状等）：				
土名：		科名：		
学名：				
附记（特殊性状等）：				

（10）号牌。用硬纸制成，系上白线挂在每一份标本上，上面记录采集地点、日期、编号和采集人。如果编号中能反映地点、时间、日期及采集号，则可以只记录编号，一般来说，当同一个人到下个地点采集时，采集号和上次采集的地点往往保持连续性。

（11）钢卷尺。用于测量植物的高度和胸径等。

（12）其他物品。防雨塑料布、望远镜、护腿、药品、水壶、背包以及必要的文具（包括铅笔、橡皮、小刀和纸张或信纸）等。

2. 采集记录　认真填写野外采集签十分重要，除了号码、产地、采集人、海拔、经纬度和日期等必须填写外，还应注意对生境和花果等内容的填写。如植物本身固有的特征（颜色和气味等）。趁植株新鲜时，应对花色和花的内部结构加以详细记录，方便以后的鉴定工作。植株是否具有乳汁或汁液，以及乳汁的颜色和气味等都要记录，因为标本干燥后难以分辨。对植物的土名（俗名）和民间传统的用途也应记录。记录时注意将采集签与号牌一一对应。记录应该在野外完成，边采边记。有些内容来不及记录时，可以回到宿营地后对照新鲜标本补充记录。

3. 采集方法及标本大小 采集标本的时间一般在春、夏和秋三季，在不同的季节里可以采到不同的植物标本，或同一植物不同物候期的标本。在采集标本时，要尽可能选择完整、有代表性的植物和枝条，对不同类（型）的植物采集时，其方法可能不同。

（1）草本植物。小型草本植物应采全株；大型草本植物可以分段采集，或折成 V 形、N 形、M 形。

（2）木本植物。采集具代表性、有花或果的枝条，如果叶片、花或果太大，无法压制时，可以拍成照片，并伴有对照尺度的物体。注意剪口要斜以便能清楚地看到髓的特点（空心、片状髓或实心等）。

（3）藤本植物。在开花或结果季节采集具有藤本性状的部分枝条。

（4）寄生植物。要连同寄主一起采集。

（5）药用植物。要保证标本带有药用的部分，具有块根、块茎及鳞茎的，也需采集各种地下部分。

（6）雌雄异株的植物。要分别采集雌株和雄株，编上同一号码。

所采集的标本大小要与台纸的大小适应，长宽应在 30～36 cm 以内。

4. 采集份数 为便于使用和交换，每种植物一般要采集 3～5 份。如果遇到稀有、特有或具有经济价值的植物，在数量许可的前提下应多采集几份，但应注意保护植物资源和环境，切不可滥采，绝对不可以使之绝种。

（二）植物标本的压制

采集的标本最好边采边压，如果不能在野外压制，也需要在采集的当天完成。在压制标本时，先将绑有绳子的一块标本夹板放于地上或桌子上，放上几层吸水纸，将整形后的标本平展在吸水纸上，上面盖上 1～2 层吸水纸，再放上另一份标本并盖上 1～2 层吸水纸，直到放完最后一份标本。然后，盖上几层吸水纸，放上另一块标本夹板，用绳子捆紧。吸水纸之间可以用瓦楞纸隔开，有利于透气。压制的标本应放于阳光和通风的地方；条件允许时可用电吹风对着瓦楞纸吹，或放在烘箱中加速脱水干燥。

第一次压制完成后，要根据采集地点、季节和标本的干湿程度等多次更换吸水纸。初始时，每天两次（早晚各一次）或每天一次更换吸水纸，换出的吸水纸要抓紧时间晒干或烤干，而换入的吸水纸一定要干燥，否则标本容易腐烂。后期的换纸时间取决于标本干燥的状况，可以间隔 1 d 或 2 d 或更多，直到标本彻底干燥为止。值得注意的是，在第一次换纸时，要对标本进行再一次的整理，尤其是花和叶片要平展，如叶片太多，相互堆叠在一起无法展开时，可摘去部分叶片，但要保证在标本正面上能看到花和叶的背面特征。

有的标本压制时叶片极容易脱落，可先将鲜标本投入沸水中 20～30 s，晾干后再压。有些标本具有较大的地下茎不便于压制，应系上号牌单独处理（烘干或晒干），待干燥后同标本一道上台纸。有些珍贵的果实或种子应装入小纸袋，在袋上编上同植株标本相同的号码，待标本压制后，将纸袋贴在台纸上。

（三）植物标本的装订制作

在标本压干后应将其装订在台纸上，台纸规格为 39 cm×27 cm 的白纸板。装订方法有线订、纸条穿孔粘贴和透明胶布粘贴等方法。较常使用的是牛皮纸条（3～5 mm 宽）固定，在标本的主干两侧若干部位用刀在台纸上纵切出一对刀孔，将纸条的两端穿过去，两个纸头拉向背面，分开反向贴住。一般每个标本订 4～6 处即可。有些叶片可用胶水粘，但不能用糨糊。太小的标本可用硫酸纸袋装上，贴在台纸上。装订标本时，应先将标本放在台纸上调整布局与造型，注意标本的美感，台纸的左上角留出采集签的空位，右下角留出定名人的位置。当标本较大时，可用枝剪加以修理。

待标本装订好后，根据标本上的号牌查找同号码的采集签，抄写 2～4 份，在每份标本左上角贴上采集签。

（四）标本消毒与保存

标本经过鉴定后，应及时进行消毒处理。当标本数量较少时，可用升汞消毒。取 1 g $HgCl_2$ 溶于 100 mL 无水乙醇中，待全部溶解后，用毛笔蘸药水涂抹标本，对于较大花果，应多涂几次。涂抹过后乙醇挥发，而 $HgCl_2$ 留在标本上。为了安全，应避免手和皮肤接触药液。消毒后，在标本台纸的右上方盖上"升汞消毒"字样的图章。一般 3～5 年后，还需要涂抹一次升汞。如果标本数量多或是整个标本室内的所有标本均要消毒，可用气体熏蒸消毒。标本室门窗密闭，打开标本柜门，用四氯化碳和二硫化碳的混合液熏蒸，或用敌敌畏和二硫化碳混合液进行熏蒸，一般 2～3 d 后才开门放气，并观察风向，注意安全。

消毒之后的标本根据标本室的顺序存放入柜。入柜前，要将标本拍照，并连同该标本新鲜植物的照片一同录入计算机，填写存放信息，以便查找和随时调用。

（五）其他植物标本采集与制作

1. 藻类蜡叶标本的采集制作　对于个体稍大的藻类植物（如轮藻、紫菜和海带等），采集时可以用手、镊子或水网采集，装于容器中，标本的制作完全可以采用蜡叶标本制作方法。

大多数藻类成丝状，或多或少都有胶质。在压制前，要将材料放在盛有清水的搪瓷盆或类似的容器中，用镊子适当地拨动，使材料在水中充分展开，然后，将台纸从容器边缘伸入水底，用镊子辅助，使材料置于台纸中部后，缓慢地将台纸往上托起，藻体便贴附于台纸上了。如果有个别不符合要求的地方（如重叠），可以用镊子进行整理。将湿台纸同植物体放在通风处晾干；或者盖上纱布放在吸水纸中吸干，并根据干燥程度更换纱布和吸水纸。有电吹风时慢慢吹干也可以，切不可暴晒。干燥后，藻体自然贴附在台纸上，再衬贴上标准台纸，贴上标签和定名签即可。

2. 大型真菌的采集与干标本制作　大型真菌采集时，通常需要进行拍照并做详细记录，然后用锥形纸筒包装，放入采集桶内，避免挤压。为防止腐烂，必须在采集的当天制作孢子印或浸泡标本。对于伞菌类、多空菌类和牛肚菌类等，往往需要通过制作孢子印来了解菌褶和菌管的分布式样，了解孢子的大小、形状和颜色等。孢子印的制作方法：将新鲜尚未散发孢子的子实体，用刀片从菌柄处切断，用一张白纸或黑纸，或半张白纸或半张黑纸对接起来，将菌伞部分放在纸上，菌褶或菌管向下，用玻璃罩扣上 3～5 h（或过夜），取出菌伞后，在纸上留下许多孢子，其痕迹与菌褶或菌管排列方式相同，称为孢子印。拍照记录孢子印的形状和颜色，并编上同该标本相同的编号。

对于不易腐烂的革质、木质、栓质和半肉质大型真菌，可将标本放在通风处晾干，也可烘烤。对于一些大型肉质真菌，可以纵切成 2～4 块用吸水纸压干。制作好的干标本放入纸袋中，同时放入采集记录签、樟脑丸与干燥剂，纸袋外仍要附详细记录。

3. 地衣标本的采集与保存　在采集地衣植物时，叶状和枝状地衣容易与基质分离，而壳状地衣必须同基质一同采下。由于地衣个体较小，含水量较少，容易干燥且不易变形，采集后放在通风处晾干，即可制作成干标本。为避免弄碎，通常用纸袋或者纸盒保存。

4. 苔藓标本采集与干标本制作　苔藓植物往往是几种生长在一起，采集时应尽量将种类分开，一个标本袋中以一种为宜。标本袋可以用 20 cm×22 cm牛皮纸袋（图 4-1）。标本放入纸袋后，应立即将号牌放入纸袋内，最好在纸袋上记上编号，然后放于透气性好且易于干燥的尼龙网袋内盛装。野外采回的苔藓标本可直接打开纸袋口放在通风处干燥，避免阳光直晒。干燥后定名、记录并入柜，无须消毒处理。

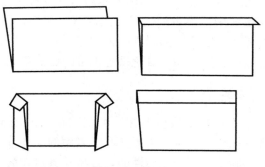

图 4-1　苔藓植物标本制作示意图

二、浸制标本的制作

在植物学教学中，要对新鲜花朵、肉质果实及各种地下茎进行长期保存时，必须将材料浸放在药液中，制成浸制标本。在制作浸制标本时，要在标本瓶外贴上标签，注明日期、地点、采集人和标本名称。为了防止标签脱离，用铅笔在硫酸纸上重写一份标签，放入标本瓶内，将标本瓶存放在阴凉避光处或放入柜内，并经常检查。发现药液混浊时要重新配制药液；如果药液挥发减少，应及时添加。标本瓶要密封，使用磨口标本瓶，另外还要用石蜡滴封瓶口，以防止甲醛挥发而具有腐蚀性。在制作浸制标本时，新鲜材料不宜装得太多，以免影响药液的浓度而使标本变质，一般固定液是材料的 8～10 倍。人们通过长期实践，发现了多种浸制标本的制作方法，这里介绍几种主要方法。

（一）防腐浸制标本

为了防止植物标本腐烂变质，达到长期保存的目的，可制成防腐浸制标本，但材料容易褪色。

1. F. A. A. 固定液　这是植物学上经常使用的固定液，又称万能固定液，是甲醛、冰醋酸和乙醇的混合液。一般配制比例为 50% 乙醇 90 mL、冰醋酸 5 mL 和甲醛（其浓度为 37%～40%，称福尔马林）5 mL。各种成分可以适当调整，乙醇也可以用 70% 浓度的。

2. 甲醛水溶液　用 5%～6% 的甲醛水溶液（海水、河水和自来水均可配制）保存标本，注意瓶内保存的标本不要太多。

3. 乙醇水溶液 用 60%～79%乙醇水溶液保存标本，并适量加入甘油。此液保存标本容易使组织脱水收缩，且褪色较快。

4. 冰醋酸水溶液 用 3%～5%冰醋酸水溶液保存标本。

在以上 4 种固定液中，第 1 种是混合固定液。此外，还有卡诺氏固定液、吉尔森固定液和那瓦新固定液等都属于混合固定液。后 3 种是简单固定液，苦味酸、铬酸、重铬酸钾、升汞和四氧化锇等也可配成简单固定液。

（二）保色浸制标本

如在制作浸制标本时要求保色保存，可配制特殊的固定液。若要保持绿色，固定液中要含有铜离子，用铜去置换叶绿素中的镁离子，使其变成假绿标本。若要保持红色，固定液必须是酸性的，维持花青素在酸性条件下的红色反应。若要保持蓝色，固定液必须是碱性的，满足花青素在碱性环境下的蓝色反应条件。但是，无论如何巧妙配制保色保存液，保色效果和保色时间还是不能令人十分满意，同原色相比，或多或少有些褪色。另外，在保存保色浸制标本时，一定要避光保存，防止氧化，减缓褪色速度。

1. 绿色标本的浸制 将 10～20 g 醋酸铜粉末溶于 100 mL 50%醋酸中，加水稀释 3～4 倍，加热升温至 70～80 ℃，再将绿色标本投入液体中并翻动，经过 10～30 min，标本的绿色消失后又重新恢复，取出洗净药液，放入 5%～6%甲醛溶液中保存。这是利用温热药液快速处理的方法。

另外，也可以进行慢处理，取 75 mL 硫酸铜饱和水溶液，加 50 mL 甲醛，再加水 250 mL。将绿色标本放入此溶液中 10～20 d，标本的绿色先消失，然后慢慢恢复绿色。待颜色稳定后，取出标本冲洗干净，放入 5%～6%甲醛水溶液中长期保存。对于较大的未成熟的绿色果实，可放入硫酸铜饱和溶液中 2～5 d，待颜色稳定后取出洗净，再放入 0.5%亚硫酸水溶液中巩固 1～3 d，最后放入 1%亚硫酸水溶液中，加适量甘油，便可长期存放。

2. 红色标本的浸制 先将红色标本放入 10%～15%硫酸铜水溶液中，或放入由 4 mL 福尔马林、3 g 硼酸和 400 mL 水的混合液中，浸泡 24 h。如果药液不浑浊，则可转入保存液中。保存液的配制有很多种方法，常用的有：①25 mL 福尔马林、25 mL 甘油和 1 000 mL 水；②30 g 硼酸、20 mL 福尔马林、130 mL 75%乙醇和 1 350 mL 水；③20 mL 亚硫酸、2 g 硼酸和 1 000 mL 水。

3. 黄色标本的浸制 用 6%亚硫酸 268 mL、85%乙醇 568 mL 和 450 mL 水配成混合液，直接将黄色果实等标本放入长期保存。

4. 黑色和紫色标本的浸制 将材料浸入 5%硫酸铜水溶液中 24 h，然后保存在由 45 mL 甲醛、280 mL 95%乙醇和 200 mL 水配制的混合液中。若发现沉淀，过滤后再使用。

5. 蓝色标本的浸制　先将标本放入 5％硫酸铜水溶液中 24 h，取出转入由 6 mL 甲醛、2 mL 甘油、3 g 氢氧化钠和 200 mL 水配制的混合液中保存。

6. 白色标本的制作　将标本洗净后直接放入 2％～5％亚硫酸溶液中保存。有的标本可泡在 95％乙醇中，放于强日光下漂白，必要时多换几次浸泡液，直到将标本漂得足够白而且比较坚硬为止。

在制作保色浸制标本后，瓶口一定要用石蜡或凡士林密封严密，并避免阳光直射。

三、思考题

1. 植物学野外实习前需要做哪些准备？
2. 如何制作植物蜡叶标本？
3. 如何制作植物浸制标本？

实验五　植物检索表的使用与编制

　　检索表是鉴别植物种类的检索工具。一般是运用植物体之间形态共同的和相区别的特征而编制的。常用的是科、属、种的检索表。

一、植物检索表的种类

　　1. 检索表的编制原则　首先对要分类的植物有关习性和形态特征进行详细的观察、记录，按各种特征的异同进行汇总比较，逐项排列，再进行分门别类。分类使用二歧分类法，即将不同种类的植物形态特征中成对的相异特征用二歧排列的方法制成各等级的分类检索表。

　　2. 检索表的种类　常用的检索表有定距检索表和平行检索表两种。以番茄、菜豆、黄瓜的分类检索为例。

　　形态描述（为简明只列出简单的相对特征）：

　　番茄：直立草本。植物体具腺毛。浆果。

　　菜豆：草质藤本。植物体不具腺毛。荚果。

　　黄瓜：草质藤本。植物体具粗毛。瓠果。

定距检索表

1. 草质藤本。
　　2. 植物体不具腺毛。荚果 ……………………………………………… 菜豆
　　2. 植物体具粗毛。瓠果 …………………………………………………… 黄瓜
1. 直立草本，植物体具腺毛。浆果 ………………………………………… 番茄

平行检索表

1. 草质藤本 ………………………………………………………………………… 2
1. 直立草本。植物体具腺毛。浆果 ………………………………………… 番茄
　　2. 植物体不具腺毛。荚果 ……………………………………………… 菜豆
　　2. 植物体具粗毛。瓠果 …………………………………………………… 黄瓜

二、植物检索表编制

　　① 首先要决定做分科、分属还是分种的检索表。并认真地观察和记录植物的特征，在掌握各种植物特征的基础上，列出相似特征和区别特征的比较

表，同时要找出各种植物之间突出区别，尽可能采用质量性状（有明显间断的性状），少用数量性状。

② 在选用区别特征时，最好选用相反的特征，如单叶或复叶、木本或草本，或采用易于区别的稳定的性状，也称为惰性性状，如花的结构，避免使用诸如叶的大小等不稳定的性状。

③ 采用的特征要明显，一定要采用植物自身的自然性状，不能使用植物的人为属性，如是否可食、所在科属等。

④ 检索表的编排号码，只能用两个相同的号码，不能用 3 个甚至 4 个相同的号码并排。

⑤ 有时同一种植物，由于生长的环境不同，既有乔木，也有灌木，遇到这种情况时，在乔木和灌木的各项中都可编进去，这样就保证可以查到。

三、利用检索表鉴定植物的方法

鉴定植物的关键，是应懂得用科学的形态术语来描述植物的特征。一旦描述错了，就会错上加错，即便鉴定出来，肯定也是错的。在应用检索表之前，要对被鉴定植物的生长环境、植物体各部分特征做详细的观察和记录。先观察茎、叶和根等营养器官的特征，再观察生殖器官的特征，如被子植物花或花序的形状、大小和颜色等。再取一朵花，由上而下、自外而内进行详细的解剖观察。最后是果实和种子的特征。根据检索表沿着门、纲、目、科、属、种的顺序进行检索，在鉴定时还应注意下列问题：

① 标本要完整。除营养器官外，要有花、有果。特别对花的各部分特征一定要看清楚。

② 鉴定时，要根据观察到的特征，从头按次序逐项往下查。在看相对的二项特征时，要看到底哪一项符合你要鉴定的植物特征，要顺着符合的一项查下去，直到查出为止。因此，在鉴定的过程中，不允许跳过一项而去查另一项，因为这样特别容易发生错误。

③ 检索表的结构都是以两个相对的特征编写的，而两项号码是相同的，排列的位置也是相对称的。故每查一项，必须对另一项也要查看，然后再根据植物的特征确定符合哪一项，假若只看一项就加以肯定，极易发生错误。只要查错一项，将会导致整个鉴定工作的错误。

④ 为了证明鉴定的结果是否正确，还应找有关专著或有关的资料进行核对，看是否完全符合该科、该属、该种的特征，植物标本上的形态特征是否和书上的图、文一致。如果全部符合，证明鉴定的结论是正确的，否则还需再加以研究，直至完全正确为止。

实验六　植物细胞的基本构造

一、实验目的

① 掌握光学显微镜下植物细胞的基本结构。
② 了解细胞质体及其类型。
③ 观察花青素的形状和存在部位，进而了解它们的生理功能。

二、仪器与用品

光学显微镜、镊子、载玻片、盖玻片、吸水纸、刀片、曙红、I_2 - KI 溶液、蒸馏水、绘图用具（铅笔、小刀、橡皮、直尺和白纸等）等。

三、实验材料

洋葱鳞片叶，菠菜叶或天竺葵叶、芦荟叶和紫鸭趾草叶，成熟的番茄或辣椒果实、天竺葵花瓣等。

四、实验步骤

（一）细胞的基本结构

1. 洋葱表皮细胞观察　取一片洋葱肉质鳞片叶，用双面刀片在鳞叶外表面划出 3~5 mm² 的小块，用镊子撕取透明的薄膜状的外表皮，然后迅速将其置于载玻片上已备好的水滴中，并将它展平，盖上盖玻片，用吸水纸将盖玻片周围多余的水分吸去。

将制好的临时装片放在显微镜载物台的中央，先用低倍物镜观察。洋葱鳞片叶外表皮细胞排列紧密，没有细胞间隙，细胞均为长方形或扁砖状（图 6 - 1），再转动载物台调节钮，查看是否有细胞核。通过观察选择几个较清楚的细胞置于视野的中央，转换高倍物镜，观察一个典型植物细胞的基本结构，识别细胞的各部分，如细胞核、液泡和细胞质以及细胞核中的核仁、核质。

2. 番茄果肉细胞观察　用镊子挑取少许红色的番茄果肉，置于载玻片中央的清水中，将果肉用镊子分散使其均匀，盖上盖玻片，在低倍物镜下观察，可以看到不规则的圆形果肉的离散细胞以及每个细胞的细胞壁，观察时还可以看到细胞表面一条条的皱褶，是在制片中挤压、揉皱的细胞所形成的。

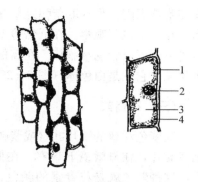

在番茄果肉离散细胞中，同样可以观察到细胞质、细胞核和大的液泡，在细胞质中还可以见到橙红色的颗粒状有色体。

图 6-1　洋葱表皮细胞
1. 细胞壁　2. 细胞核　3. 液泡　4. 细胞质

当轻轻地推动盖玻片时，可以在镜下观察到离散的果肉细胞在滚动，因而能看到它们的几个立体面。

（二）质体

1. 叶绿体

（1）天竺葵叶（或菠菜叶）气孔保卫细胞中的叶绿体。撕取天竺葵叶下表皮，制成玻片标本。撕时注意：要薄，不要带叶肉。先用低倍镜观察，可见许多不规则的细胞，注意在这些细胞之间，有 1 对小的半月形细胞，它们就是气孔的保卫细胞。选一对保卫细胞置于视野的中心，换高倍镜观察，在保卫细胞中圆形的绿色颗粒即是叶绿体（图 6-2A）。

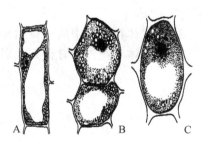

图 6-2　细胞质体
A. 叶绿体　B. 有色体　C. 白色体

（2）芦荟叶中的叶绿体。取芦荟叶一小段，横切，制片。先用低倍镜头观察，找到靠近表皮的绿色部分。再用高倍镜观察，每个绿色细胞中的圆形颗粒就是叶绿体。

2. 有色体　选取红辣椒或番茄果肉少许，采用压片法制成临时装片进行观察。有色体的形状是多样的，有颗粒状、棒状和纤维状（图 6-2B）。不同植物的有色体所含有的具体色素类型不同，或二者比例多少不同，可使质体呈现黄色、橙黄色或橙红色。

3. 白色体　取白色的幼芽和菜心或洋葱幼嫩鳞片叶。撕取其幼叶或叶柄的表皮后制成临时装片，可以见到透明颗粒状的白色体分散在细胞质中或聚集在细胞核周围。另外取紫鸭趾草叶，撕取背面有紫色部分的表皮。制成玻片标本，在显微镜下观察。在低倍镜下可见有的细胞无色，有的细胞为紫色，在低倍镜下还可以看见细胞核。在高倍镜下核的周围可以看见许多小的、无色的球形颗粒，它就是白色体（图6-2C）。

（三）花青素

取紫色洋葱的鳞片叶（或紫鸭趾草叶），撕取外面紫色部分的表皮，制成临时装片，在显微镜下观察。在低倍镜下可见有的细胞无色，有的细胞为紫色，这种紫色就是花青素的颜色，它在液泡中呈溶解状态，所以没有固定形状，就好像墨水瓶中的墨水一样。在低倍镜下还可以看见细胞核。另外还可取所供给的天竺葵等其他花的新鲜花瓣，用以上方法制成玻片标本，进行观察。即可以看到花青素，注意它与有色体的区别。

五、思考题

1. 在光学显微镜下可以观察到植物细胞的哪些结构？它们的主要功能及相互关系如何？
2. 叶绿体在细胞中的分布如何？为什么？
3. 有色体与花青素有什么区别？

实验七　植物细胞后含物

一、实验目的

了解细胞中的储藏物质存在形式，熟悉、鉴别细胞主要后含物，了解晶体种类及存在部位。

二、仪器与用品

光学显微镜、镊子、载玻片、盖玻片、吸水纸、刀片、醋酸洋红、盐酸酒精、蒸馏水、绘图用具（铅笔、小刀、橡皮、直尺、白纸等）等。

三、实验材料

马铃薯块茎、蓖麻种子、小麦或玉米籽粒（浸软）、干燥透明的洋葱鳞片叶、芦荟叶、夹竹桃叶切片。

四、实验步骤

（一）储藏物质

1. 糊粉粒与糊粉层　取小麦籽粒或玉米籽粒横切制片（注意连果皮带胚乳一起切），用低倍镜检查，在靠果皮的一层细胞，大而整齐，它们就是糊粉层，细胞中的小颗粒，即为糊粉粒。用 I_2 - KI 溶液染色，明显看见淀粉粒变成蓝色或蓝黑色，而糊粉层则变为黄色，由此证明它们并不是淀粉，这是鉴别糊粉粒的方法之一。

2. 淀粉粒　取马铃薯块茎一小块，先用涂片法制成玻片标本，再用切片法制片（注意两个制片效果有何区别）。在低倍镜下观察，适当调暗光线（用什么方法?），便可看见一些大小不同的椭圆形颗粒，它们就是淀粉粒。用高倍镜观察，寻找它的（沉淀中心）脐，再寻找轮纹，根据脐与轮纹区分单式、复式或半复式淀粉粒。用 I_2 - KI 溶液染色。看有什么反应，这就是淀粉的鉴别方法（图 7 - 1）。

3. 脂肪与油滴　取蓖麻种子胚乳中的脂肪，用切片法制成玻片标本，用低倍镜检查，在视野中有许多发亮的小颗粒漂浮在水面，它们就是脂肪——油滴。取下切片，用苏丹Ⅲ进行染色，然后再用低倍镜观察，看原来发亮的油滴变色否？变成什么颜色？

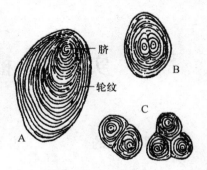

图 7 - 1　马铃薯淀粉粒
A. 单粒　B. 半复粒　C. 复粒

（二）结晶体

1. 单晶体　取干燥、极薄的洋葱鳞片叶一小片，置于载玻片上（不加水），不用加盖玻片，置于低倍镜下检查，可见一个个整齐的长方形或十字形透明的单晶体。如果在材料上加 10%～15% 的甘油水溶液，静置 24 h 后观察，则效果更好。

2. 簇晶体　取夹竹桃叶切片标本（已制好的永久制片），在显微镜下观察，在叶肉细胞中可见勋章状的簇晶体（图 7 - 2）。

图 7 - 2　夹竹桃叶晶体

3. 针状晶体　取芦荟叶一段，将叶中的汁液挤到干净的载玻片上，加盖玻片后用显微镜检查，可见许多像针一样两头尖的晶体。

五、思考题

1. 绘所见的各种淀粉粒、蓖麻的脂肪以及小麦糊粉层（及内外的几层细胞）。

2. 晶体对植物有什么生物学意义？

3. 脂肪、淀粉和蛋白质各用什么方法鉴别？

实验八　植物细胞壁的构造与细胞的有丝分裂

一、实验目的

① 观察细胞壁的三层结构。观察各种纹孔的形状。

② 学会观察细胞分裂的方法，掌握植物细胞有丝分裂各时期的特征。

二、仪器与用品

光学显微镜、镊子、载玻片、盖玻片、吸水纸、刀片、醋酸洋红、蒸馏水、绘图用具（铅笔、小刀、橡皮、直尺和白纸等）等。

三、实验材料

红辣椒果实、云杉木材切片、柿胚乳细胞切片、洋葱或大葱的鳞茎、固定好的蚕豆根尖或洋葱根尖、洋葱根尖切片（示分裂）。

四、实验步骤

（一）纹孔类型与胞间连丝

1. 纹孔类型观察

（1）单纹孔。取辣椒果实，采用撕片法将其内果皮的表皮制成玻片标本，在显微镜下观察。它的内表皮细胞壁有的和一般细胞一样，有的则加粗成香肠状。在高倍镜下，可见在香肠状加粗的中间有一条细线，即为中胶层和初生壁。而香肠状加粗部分，即为次生壁。可见加粗的地方有直的或弯曲的孔道（注意！我们看的是侧面），这就是纹孔，大部分相邻面细胞的纹孔是相对的，它们就是纹孔对（一般称纹孔），但也有对侧不具纹孔，只有一侧有，这一侧的称为盲孔（图 8-1A）。

（2）具缘纹孔。取天山云杉木材切片，在显微镜下观察，切片上有两个纵切面的材料，一个有一排排横交的细胞，它是径向切面；一个在长细胞间夹着一串串细胞的横切面，它是切向切面。分别用高倍镜观察这两个切面。径向切面上，在纵向管胞的细胞壁上可以看见成单的小圆洞，它们就是纹孔。调暗光线，它们就更清楚，看见它们各自是由 3 个同心圆所组成，这三个圆形分别代表纹孔口、纹孔塞和纹孔膜。切向切面与径向切面相垂直，在径向面上能看到纹孔的正面。在切线方向正好看着它的侧面，所以此切面上可以看见管胞壁的纵切面上深浅不同的纹孔的纵切面。试找出纹孔口、纹孔膜、纹孔塞来，指明哪里是纹孔腔（图 8 - 1B）。

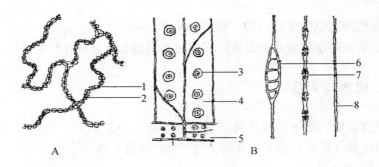

图 8 - 1　单纹孔和具缘纹孔

A. 辣椒内果皮（示单纹孔）　B. 云山木材（示具缘纹孔的正、侧面）

1. 单纹孔　2. 盲纹孔　3. 具缘纹孔　4. 管胞　5. 木射线　6. 木射线　7. 具缘纹孔　8. 管胞

2. 胞间连丝　取柿胚乳细胞切片观察，可以见到增厚的细胞壁和很小的细胞腔。在两个相邻细胞之间的壁上有纹孔，在纹孔中有贯通两细胞的原生质丝，即胞间连丝（图 8 - 2）。

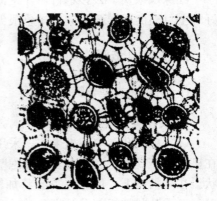

图 8 - 2　胞间连丝

（二）细胞有丝分裂

1. 自制临时玻片标本观察　取正在旺盛生长着的洋葱或大葱（这个实验受时间的限制），在其鳞片叶或叶鞘上撕取表皮，置于载玻片上，于其上加醋酸洋红 1 滴染

1 min，加盖玻片后用显微镜检查。根据自己所学知识，找出细胞分裂的各个时期。

2. 洋葱根尖纵切观察细胞的有丝分裂　取洋葱根尖纵切（示细胞分裂）

切片，用低倍镜观察，在其分裂区域找到分裂细胞后，再用高倍镜观察。分别找出典型的分裂时期（图 8 - 3）。

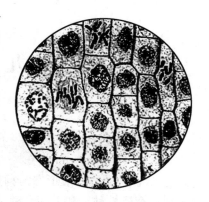

图 8 - 3　有丝分裂时期

（1）间期。这个时期最多，在外形上看不出什么变化，细胞核呈圆形，如光线适当还可以看见核仁，数数核仁是几个。

（2）前期。简单讲，此期出现染色体，但此期过渡状态较多，要耐心地进行分辨。开始出现颗粒状染色粒，在切片上不可能出现完整的染色线，因为它们已被切成一段一段，颗粒状染色粒变粗变长而呈现染色体，核仁、核膜消失，在原来核的部位，较他处为明亮而清晰，这就是清晰区。在清晰区调暗光线可以看见纺锤丝。注意有的纺锤丝与染色体接触，有的并不接触，而穿过赤道面。

（3）中期。染色体的着丝点整齐地排列在赤道面上，我们是从侧面看的，如果是从顶面看，它将像花朵样排列着。从理论上讲，此时每个染色体都与纺锤丝相接触，但不一定能看全。找找看。

（4）后期。此期可以看见染色体向两极移动，由开始移动到两极过渡类型也很多，找找看，除移动着的染色体外，此期的后期还可以看到纺锤丝在赤道部分膨胀，正在形成细胞板。

（5）末期。染色体到达两极，逐渐解体，重新出现核仁、核膜，在细胞板区形成新的细胞壁。这个时期通常是两个细胞连在一起，呈扁平状。

五、思考题

1. 画辣椒内果皮细胞，表示单纹孔的特征。

2. 分别画 2～3 个管胞的片断，表示出具缘纹孔的特征来（在两个面上的特征）。

3. 绘有丝分裂的前期、中期、后期和末期各一图，表明细胞有丝分裂的过程。

实验九　种子与幼苗

一、实验目的

① 认识种子的一般形态与构造，进而了解双子叶植物和单子叶植物种子的区别，有胚乳种子和无胚乳种子的区别。

② 观察种子的萌发过程与幼苗形态。

二、仪器与用品

镊子、刀片、烧杯、草纸、锯屑等。

三、实验材料

棉花、菜豆、蓖麻、玉米、小麦等植物的种子，蚕豆、菜豆、玉米、洋葱的幼苗。

四、实验步骤

（一）植物种子

1. 双子叶植物无胚乳种子观察　取浸泡过的菜豆种子 2 粒，1 粒剥去种皮，1 粒不剥，按同一方向置于桌上，进行对比观察。一方面观察外形，①种皮，包在外面，观察它的花纹质地，附属物的有无。②种脐，在种子的一侧有一长圆形痕迹即是，它是种柄脱落后所留下的痕迹。③种孔，将未剥皮的种子拿在手中，用两指一捏，在种脐的一端向外流水，流水处即为种孔，种子发芽时，胚根从这里伸出。④种脊，在种脐的另一端，向后直到背侧中部，有一隆起，就是种脊，它是种皮维管束存在的地方。

另一方面观察内部构造，胚，剥去种皮可见，①子叶，就像个大的豆瓣，注意它们的形态和质地。②胚根，在两个子叶的一侧，临近种孔处的小尾巴即是，种子发芽时，它首先伸出，形成最早的根。③胚芽，掰开两个子叶，沿胚根向上用放大镜观察，可见一小芽即是。④胚轴，在种子中时很短，但发芽之后，大大伸长，它是胚根、胚芽、子叶的交汇点。它们的总体就是胚（图9-1）。

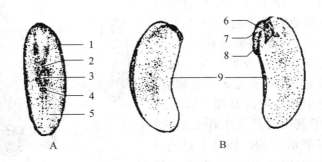

图9-1　菜豆种子结构

A.种子侧面　B.种子结构

1.种皮　2.种孔　3.种脐　4.种瘤　5.种脊　6.胚芽　7.胚轴　8.胚根　9.子叶

2. 双子叶植物有胚乳种子观察　取浸软将要萌发的蓖麻种子两粒，外面所见坚硬的壳就是种皮，注意种皮的花纹，种子的一端有白色、松软的组织，即为种阜，取掉种阜，其下可见种孔。在种子的腹面正中有1条纵向延伸的细线为种脊。进一步剥去两粒种子的种皮。露出的白色部分即为胚乳，胚包在胚乳中间。胚乳为白色的长椭圆形，两个种子一个按扁压平行方向正中剖开，一个按垂直方向正中切开，进行对比观察，可见胚乳中夹着胚。按平行方向剖开的子叶贴在胚乳上为椭圆形，用针将其挑起，可见子叶质地薄如纸，子叶上有多条脉纹，在它的一端找胚根、胚芽。另一个切开的子叶呈两条细线状（图9-2）。

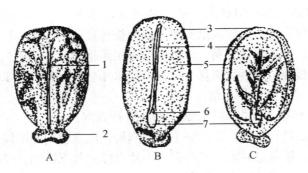

图9-2　蓖麻种子

A.表面观　B.与宽面垂直的纵切面　C.与宽面平行的纵切面

1.种脊　2.种阜　3.种皮　4.子叶　5.胚乳　6.胚芽　7.胚根

3. 单子叶植物种子 取即将萌发的小麦籽粒，先看其外形，在其一侧有一纵沟，叫腹沟，在较细的一端有短的绒毛叫刷毛，在刷毛的另一端，腹沟背侧，可以找到胚。取带胚的籽粒沿腹沟纵切，用放大镜观察，最外层为果皮与种皮的复合体（麸皮），以内绝大部分是胚乳，胚甚小，仅位于其一侧的基部。取 1 滴 I-KI 溶液滴于其上，看发生什么变化？再进一步观察胚的结构，在其上端有 1 到多枚幼叶包着胚芽，外有个套子，就是胚芽鞘，在相对的一端有一长圆形突起，即为胚根。胚根外有胚根鞘，胚根与胚芽间为胚轴，盾状体靠胚乳侧有一线状长条，即为子叶的纵切面。在小麦籽粒的胚中还有一特殊的结构——外子叶，它是一枚退化了的子叶（图 9-3）。

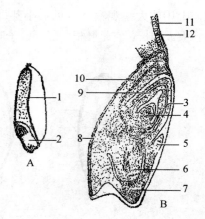

图 9-3 小麦籽粒纵切

A. 籽粒纵切 B. 放大的胚

1. 胚乳 2. 胚 3. 胚芽鞘 4. 生长锥
5. 外子叶 6. 胚根 7. 胚根鞘
8. 内子叶（盾片） 9. 第一真叶
10. 内子叶（盾片） 11. 麸皮 12. 糊粉层

4. 裸子植物种子 取已经浸软的天山云杉种子观察，外形为卵圆形，在其一端有倒卵形的翅（它是果鳞的一部分），小心地剖开胚乳，它与被子植物（双子叶与单子叶植物）有胚乳种子的胚乳不同，是雌配子体。在其中可见到胚，胚由胚芽、胚根、子叶、胚轴组成，数数它的子叶共有几枚。

（二）植物幼苗

1. 种子萌发 取与烧杯高度相等的纸条，卷成圆筒，放在烧杯中，使之紧贴于烧杯内壁。将锯屑填入纸筒中，高为烧杯高度的一半。将种子均匀地放在草纸筒外侧，再填锯屑到满。于锯屑中加水至饱和状态，第二天倒去多余的水分，置于温暖处，以后每天加水少许，但水不能淹着种子。以后逐日观察，结果填入表 9-1，最后作总结。

2. 幼苗的形态 取烧杯中长成的幼苗进行观察。

取菜豆幼苗进行观察：①区分主根与侧根，注意它们的不同之处；②区分真叶与子叶；③度量上胚轴（子叶到第一片真叶）与下胚轴（子叶到第一条侧根）的长短。它是子叶出土，还是子叶留土？

取蚕豆幼苗进行观察，并与菜豆幼苗比较，注意它子叶的位置，将它与前者比较，是上胚轴长，还是下胚轴长？它是子叶出土，还是子叶留土？

表 9 - 1　种子萌发特性的观察

植物名称	种子膨胀	胚根伸出种皮	胚轴哪一部分伸长快	子叶出土否	胚芽鞘伸出	胚芽生长情况		胚根生长情况	
						第一片真叶出现	第二片真叶出现	不定根出现	第一侧根出现
菜豆									
蚕豆									
玉米									
小麦									
蓖麻									
白蜡									
云杉									

播种日期 201　年　　月　　日

取玉米或小麦幼苗进行观察：①根有什么特点，共几根？粗细区别如何？都长在哪里？②观察幼苗的胚芽鞘与真叶有什么不同？子叶能见否？为什么？

取天山云杉幼苗，数它子叶的数目，找出真叶与子叶的区别点。

五、思考题

1. 种子由哪几部分组成？蓖麻种子与菜豆种子有什么不同之处？
2. 双子叶植物种子与单子叶植物禾谷类种子有什么区别？
3. 云杉种子与双子叶植物、单子叶植物禾谷类种子相比有什么特别之处？
4. 绘蚕豆或菜豆幼苗图，注明各部名称。
5. 子叶出土与子叶留土在幼苗形成的生长过程中有什么不同作用？
6. 禾谷类与裸子植物的幼苗各有什么特点。

实验十 植物组织（一）

——分生组织、保护组织、机械组织

一、实验目的

① 掌握分生组织、保护组织与机械组织的特点、种类和功能。
② 了解分生组织、保护组织与机械组织在植物体内的分布。

二、仪器与用品

光学显微镜、放大镜、载玻片、盖玻片、解剖用具（尖镊子、解剖针和刀片）、纱布、蒸馏水、常用染色液、绘图用具（铅笔、小刀、橡皮、直尺和白纸等）。

三、实验材料

洋葱根尖纵切片、柳树形成层纵面观装片、新鲜天竺葵叶、沙枣叶、蜀葵叶、桃树茎切片、榆树皮、白蜡木材、幼嫩芹菜叶柄、薄荷茎横切片、南瓜茎纵切片、梨果实。

四、实验步骤

（一）分生组织

1. 洋葱根尖观察 取洋葱根尖纵切片，在低倍镜下观察上次看过的具有细胞分裂的部位，这些细胞就是分生细胞。再移动载玻片，向根尖相反端边移边看，注意细胞的形状、核的相对大小与核的位置及液泡等有无变化。然后再总结分生组织细胞的特征是什么。

2. 形成层 取柳树茎形成层纵面观装片，在显微镜下观察，可见大多数是长形细胞，略呈纺锤形，具有明显的液泡，这些细胞就是纺锤状原始细胞。少数是近于等径的细胞，就是射线原始细胞。

关于形成层细胞的横切面，将在根或茎的次生结构中观察。

（二）保护组织

1. 表皮及其附属物

（1）双子叶植物表皮细胞。取新鲜天竺葵叶，撕取其下表皮，制成水装表皮标本，用低倍显微镜观察，看它的形状与洋葱表皮细胞有什么不同？这些细胞形状不规则，彼此镶嵌得很紧。观察大细胞之后，再看大细胞之间的小细胞，这就是下面要看的气孔器（图 10 - 1）。

（2）气孔器。仍用上面的材料，在大细胞间有一对相对的半月形细

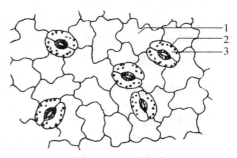

图 10 - 1　叶表皮
1. 表皮细胞　2. 气孔器　3. 保卫细胞

胞，它们就是气孔（器），这一对半月形细胞叫保卫细胞，保卫细胞中有叶绿体，而表皮细胞中则没有。两个保卫细胞之间的缝隙即为气孔，注意保卫细胞相对的细胞壁比其他部位厚（图 10 - 1）。

（3）表皮毛。

① 取天竺葵叶，撕取表皮制成水装片，用低倍镜观察，可见两种表皮毛：单毛长、顶端尖；腺毛短，顶端膨大，为具有分泌功能的细胞。注意观察两种表皮毛的细胞组成。

② 取蜀葵叶，用放大镜找它叶面上的毛，它们是一些分枝毛，与上述单毛比较，看有什么不同之处。

③ 取沙枣叶，用镊子轻轻地刮其表面的银灰色的粉末于载玻片上，用低倍镜观察，可以看到像勋章一样的鳞片毛。

④ 用上述方法，观察其他植物叶或茎上的表皮毛，并互相比较，看有什么不同？

2. 周皮与皮孔

（1）周皮。取桃树茎切片进行观察，木栓层在外圈，被染成红色，细胞极为扁平，细胞壁厚，细胞腔小，在垂周、平周方向排列都很整齐。木栓形成层细胞形状像木栓层细胞，但细胞壁薄，被染成绿色。栓内层在木栓形成层内，细胞形状为不规则的椭圆形，被染成绿色，和它以内的皮层在形状、颜色都几

乎一样，但是仔细观察，还是可以区别开来（图 10-2）。

（2）皮孔。仍用刚用过的切片，在显微镜下，沿它的外周找，可以看到有些部分没有木栓层，或者木栓层向外开了个大的缺口，它就是皮孔，皮孔的开口处有很多圆形的细胞是填充细胞，如果是多年的皮孔，还可以在填充细胞之间看见一些扁平的封闭层细胞（图 10-2）。

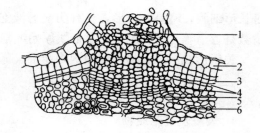

图 10-2　周皮和皮孔
1. 填充细胞　2. 表皮　3. 木栓层　4. 木栓形成层
5. 栓内层　6. 皮层

（三）机械组织

1. 厚角组织

① 取薄荷茎横切片观察，可见其外周的棱角处表皮下的数层细胞，细胞壁在角隅处明显加厚，这些细胞为厚角组织。

② 取南瓜茎纵切片，在边缘处看厚角细胞的壁在纵向是如何加厚的？它并不是每个细胞都可以看见的，为什么？

③ 再取新鲜的芹菜叶柄，制作横切面的徒手制片，在其外周的棱角处仔细观察其厚角细胞。

2. 纤维　取浸在 10% KOH 溶液中 24 h 后的榆树皮一小段，用水冲洗干净，剥取其皮，置于载玻片上，用解剖针一丝一丝地挑开，越细越好。用碘氯化锌染色，加盖玻片镜检，注意它被染成什么颜色？细胞壁是否加厚？细胞腔是大还是小？

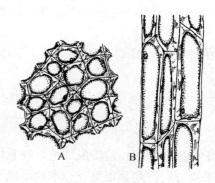

图 10-3　厚角组织
A. 横切面　B. 纵切面

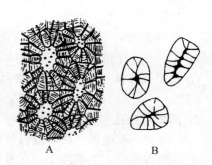

图 10-4　石细胞
A. 桃内果皮石细胞　B. 梨果肉中的石细胞

　　取少许在硝酸、铬酸溶液中浸泡 3 d 的白蜡木材薄片，用水冲洗干净，用解剖针挑成细丝，用间苯三酚染色 1～2 min，再加 1 滴盐酸，加盖玻片进行观察。视野中都是一些长形细胞，有的细胞壁上有花纹是导管，有的细胞壁厚而无花纹是纤维。注意纤维的两端是什么形状，壁上是否有纹孔？它与韧皮纤维是否相同？区别在哪里？

　　3. 石细胞　取少量梨果肉渣置于玻片上，用镊子压碎，加盖玻片，在显微镜下观察，它与前面看到的机械组织不一样？它是一种近圆形的细胞，壁非常厚，差不多成为实心，在细胞中可以看到深色的呈放射状的纹理，它就是纹孔。

五、思考题

1. 绘制天竺葵叶表皮细胞图，并注明各部分的名称。
2. 绘制厚角组织细胞图，并注明各部分的名称。
3. 绘制周皮和皮孔细胞图，并注明各部分的名称。

实验十一　植物组织（二）

——基本组织、输导组织、分泌组织

一、实验目的

① 掌握基本组织、输导组织与分泌组织的结构特点及功能。
② 了解基本组织、输导组织与分泌组织在植物体内的分布。

二、仪器与用品

光学显微镜、放大镜、载玻片、盖玻片、解剖用具（尖镊子、解剖针、刀片）、纱布、蒸馏水、常用染色液、绘图用具（铅笔、小刀、橡皮、直尺、白纸等）。

三、实验材料

小麦幼苗、天竺葵叶、芦荟叶、水稻老根横切片、马铃薯块茎、水浸泡过的小麦籽粒、天山云杉刨花、南瓜茎切片（纵切与横切）、玉米茎纵切片、橘子、倒挂金钟花蜜腺纵切片、印度榕叶柄切片、天山云杉木材三切面切片。

四、实验步骤

（一）基本组织

1. 吸收组织　取培养好的小麦幼根，用放大镜观察，可见根的尖端稍后的区域，表面长着许多纤细且白色的毛，它就是根毛。再把小麦根尖放在载玻片上的蒸馏水中，盖好盖玻片，在低倍镜下观察，可见接近根尖

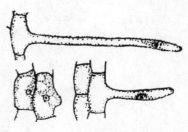

图 11-1　根毛及其发育

的一方，表皮细胞逐渐向外突起形成根毛，另一方则根毛已经成熟。取下载玻片用曙红染色，再用低倍镜观察，可见根毛与根被皮是一个细胞，而且核已移入根毛之中，而细胞被大的液泡所占据。离根尖更远的部位，根毛逐渐地死去。

2. 同化组织　取天竺葵叶，用刀片将叶片横切成很薄的小片，放在载玻片的蒸馏水中，加盖玻片后在低倍镜下观察，可见叶片由多层细胞组成，上表皮内侧排列整齐的柱状细胞，是栅栏组织；下表皮内侧细胞形状不规则，且细胞间隙大，是海绵组织，这两种组织细胞中的绿色颗粒就是叶绿体，因有叶绿体，能进行光合作用，所以是同化组织。

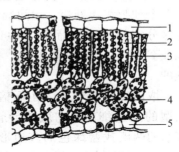

图 11-2　天竺葵叶的横切
1. 上表皮　2. 栅栏组织　3. 叶绿体
4. 海绵组织　5. 下表皮

3. 储藏组织　细胞中储藏淀粉、蛋白质、脂肪的组织是储藏组织，这部分内容实验二已看过，在此不再重复。

4. 通气组织　气孔与皮孔是与外界交换空气的通道，是通气组织，这部分内容实验五已看过，在此不再重复。

通气腔：取水稻老根横切面切片，用低倍镜观察，可见根的皮层中有许多大型细胞间隙，可以储存和流通气体。

（二）输导组织

1. 管胞　取少许在硝酸、铬酸溶液中浸泡 1～2 d 的天山云杉木材的刨花，用清水洗净，置于载玻片上，用解剖针把它们一丝丝地挑开，越细越好，滴 1 滴盐酸于其上，3 min 后再滴间苯三酚溶液 2 滴，再过 1 min 滴 1 滴甘油，加盖玻片镜检。

视野中长形细胞就是管胞，注意管胞的两端是什么形状，在管胞壁上有具缘纹孔，纹孔排列成一行，有的地方纹孔小，成两行排列，联系所看纹孔特征能否判断所观察的管胞的切面方向。

2. 导管　取南瓜茎纵切片置于低倍镜下观察，看到整个切片中的大部分细胞被染成蓝绿色，少部分被染成红色的细胞即为导管，可以看到这些细胞是具有花纹、成圆柱形、中空的管状细胞，它们是各种类型的导管，根据所学的知识（图 11-3）仔细观察能找到哪几种类型的导管？并注意观察导管细胞的连接方式。

取大豆根纵切片、玉米茎纵切片，观察其中的导管。和前面看到的是否一样？

3. 筛管与伴胞 用相同的切片观察，可以看到在导管的两侧有一些蓝绿色的长细胞，其中有的原生质体着色很重，并且在两个细胞相接处粗、中间细，即为筛管。再区分它的筛板与筛孔。还可以在筛管周围找到伴胞，也是蓝绿色，它是有细胞核的。

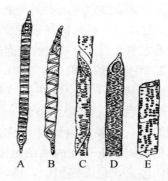

图 11-3 导管分子的类型
A. 环纹导管 B. 螺纹导管 C. 梯纹导管
D. 网纹导管 E. 孔纹导管

取南瓜茎横切片，在低倍镜下，先找大型的红色细胞，它就是导管的横切面。在它的两侧找蓝绿色的多边形细胞（南瓜茎为双韧维管束），其中一些较大的细胞中央有红色或蓝绿色的片状物，即为筛管的筛板（分析为什么不是每一个筛管都可以看见筛板）。在每个筛管细胞的四周找，会看到有小的颜色较深的多角形小细胞，就是伴胞。

（三）分泌组织

1. 橘皮的油囊 取一小块橘皮横切成薄片置于载玻片的蒸馏水中，加盖玻片后在低倍镜下观察，材料呈弧形，在外侧表皮下有大型空洞，它就是油囊。橘皮的清香味道，就是其中的挥发油的气味，它是溶生型的分泌腔，周围不具分泌细胞。为什么油囊的大小有明显不同？

2. 倒挂金钟的蜜腺 取倒挂金钟的蜜腺切片，在显微镜下观察，它是典型的外分泌组织，分泌细胞柱状，很多挤在一起，注意由下向上细胞的形状、细胞的大小上有什么变化？

3. 天山云杉的树脂道 取天山云杉木材横切片，在显微镜下观察，可见横切面是由排列整齐、大小一致的细胞组成，这些细胞就是前面看过的管胞横切面，在管胞之间分布着一些大的腔道，即为树脂道，树脂道属于裂生型分泌腔，它的周围分布着一些薄壁的、具有分泌树脂功能的上皮细胞。

4. 乳汁管 取印度榕叶柄切片或蒲公英叶柄切片，在低倍镜下可以看到有一些排列成行的、染色特深的细胞，它们就是有节乳汁管。

五、思考题

1. 观察南瓜茎纵切片，能看到几种类型导管，绘制所看到的导管纵切面图。
2. 观察南瓜茎横切片，绘制筛管、伴胞横切面图。

实验十二　根尖、根的初生结构与侧根

一、实验目的

① 掌握根尖的分区及内部构造，进而了解它们的生理功能。
② 观察根的初生结构及各种组织在横切面上的特征。
③ 了解侧根的发生和形成过程。
④ 比较单子叶植物根与双子叶植物根初生结构的异同。

二、仪器与用品

光学显微镜、镊子、载玻片、盖玻片、刀片、曙红、蒸馏水、绘图用具（铅笔、小刀、橡皮、直尺和白纸）等。

三、实验材料

小麦或玉米籽粒，大豆种子，玉米或洋葱根尖纵切片，大豆根、鸢尾或小麦根横切片，蚕豆侧根切片。

四、实验步骤

（一）根尖的观察

取玉米或洋葱根尖永久制片，先用低倍镜从根冠端依次向上看一遍，认识各区细胞特点（图 12-1）。

1. 根冠　在根的最前端，好似一个帽子套在分生区的外表，由薄壁细胞组成。

2. 分生区　根冠以内由排列紧密的近等径的薄壁细胞组成，其细胞核大、细胞质浓厚。这部分细胞分裂能力强，可见到正在进行有丝分裂的细胞。

3. 伸长区　在分生区之上，细胞在纵向逐渐伸长并液泡化，伸长区细胞已逐步分化成不同的组织，向成熟区过渡。在有的切片中可看到宽大的成串的长细胞，是在分化中的幼嫩导管细胞。

4. 成熟区（根毛区） 位于伸长区上方，表面密生根毛。此区细胞已分化成各种成熟组织，转换高倍物镜可以观察到螺纹、环纹导管。

（二）根的初生结构

1. 双子叶植物根的初生构造 取大豆根横切的永久制片，或取以上新鲜材料，对其幼根的成熟区做徒手切片，在显微镜下由外向内观察下列结构（图 12-2）。

（1）表皮。根最外一层薄壁细胞，细胞排列紧密，有些细胞外壁向外突起形成根毛。注意观察根毛细胞的核在何处，表皮细胞之间有无气孔器。

（2）皮层。在表皮以内，由多层薄壁细胞组成。紧接表皮的一层叫外皮层，其细胞排列紧密。皮层的最里边一层细胞叫内皮层，内皮层细胞在径向壁和横向壁上常有局部的带状增厚并栓质化，叫凯氏带。由于所观察的材料是横切面，所以在径向壁上观察凯氏带仅为一个小点，此时称为凯氏点。在制片时用番红溶液染色可见到红色的凯氏带或凯氏点。

（3）维管柱。幼根的中央部分是维管柱，由中柱鞘、初生木质部、初生韧皮部和薄壁细胞组成。

① 中柱鞘：中柱的最外层细胞，紧接着内皮层，通常由 1 至几层薄壁细胞组成，排列整齐紧密。

② 初生木质部：位于维管柱的中央，呈星芒状，在切片中其导管常被番红染成红色，细胞壁厚而细胞腔大，每束导管口径大小不一致，靠近中柱鞘的导管最先发育，口径小，是一些螺纹和环纹加厚的导管，叫原生木质部；分布

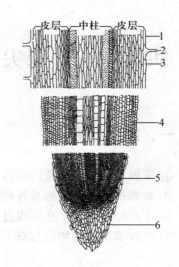

图 12-1 根尖的分区
1. 表皮 2. 表皮毛 3. 成熟区（根毛区）
4. 伸长区 5. 分生区 6. 根冠

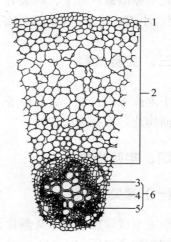

图 12-2 双子叶植物根的初生结构横切面
1. 表皮 2. 皮层 3. 中柱鞘
4. 初生木质部 5. 初生韧皮部 6. 中柱

在中心位置的导管，口径大，分化较晚，为后生木质部。木质部导管的这种由外向内逐渐发育成熟的顺序称为外始式，是根初生构造的特征之一。

③ 初生韧皮部：位于木质部的两个放射角之间，与木质部相间排列。由筛管、伴胞等构成的一团细胞群，在切片中这部分常被染成蓝绿色。

④ 薄壁细胞：分布在初生木质部和初生韧皮部之间，此部分在结构上不明显，它与初生韧皮部不易区分。在根次生生长时，它将分化形成维管形成层的主要部分。

2. 单子叶植物根的初生构造　鸢尾根横切永久制片，在显微镜下由外向内观察下列结构（图 12-3）。

（1）表皮。最外一层细胞，排列整齐，常见有突起的根毛。

（2）皮层。由薄壁细胞组成，占根横切面较大的比例。在较老的根中外皮层细胞壁增厚，木质化或栓质化，以后可代替表皮起保护作用。因此，这部分后期常被染成红色。内皮层细胞由 1 层五面增厚的凯氏带细胞和未增厚的薄壁细胞共同构成，在横切面上可见到被番红染成红色的马蹄形增厚的凯氏带细胞，只有它的外切向壁是薄壁的，但在正对原生木质部处的内皮层细胞常不加厚，为薄壁细胞，称为通道细胞。

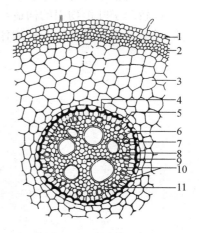

图 12-3　小麦根的横切面结构图
1. 表皮　2. 厚壁组织　3. 皮层薄壁组织
4. 内皮层　5. 通道细胞　6. 中柱鞘
7. 原生木质部　8. 后生木质部　9. 髓
　10. 原生韧皮部　11. 后生韧皮部

（3）维管柱。由中柱鞘、初生木质部和初生韧皮部组成。中柱鞘为紧贴内皮层的一层薄壁细胞，个体小，排列整齐。初生木质部和初生韧皮部相间排列，木质部的放射角数目较多，为多原型。木质部与韧皮部之间有薄壁细胞。根的中央部分常有髓的存在。

中柱鞘、薄壁细胞、髓三者起初均为薄壁细胞，后期细胞壁增厚并木质化而成为厚壁组织，用以增强根的支持能力。

（三）侧根的形成

取蚕豆根尖的横切、纵切永久制片，观察侧根的发生过程。可见一定部位的中柱鞘细胞恢复分裂能力，形成突起——侧根的生长锥，再继续生长，依次突破主根的内皮层、皮层和表皮而达根外，在切片中常见有 1 至几个侧根原基。

五、思考题

1. 根尖分哪几个区？各区在外部形态和内部结构上是否有明确的界限？
2. 画出鸢尾根横切面图，注明各部分名称。
3. 根的初生结构是怎样形成的？侧根又是如何发生的？
4. 根的初生结构包括哪几部分？各部分都有什么特征？
5. 比较单子叶植物根的构造与双子叶植物根的初生结构有何异同？
6. 根毛与侧根各发生于根的什么部位？属于外起源还是内起源？

实验十三　根的次生结构、根瘤与菌根

一、实验目的

① 了解双子叶植物根的次生结构。

② 比较双子叶植物根初生结构与次生结构的异同。

③ 了解根维管形成层与木栓形成层的发生及活动。

④ 了解根瘤与菌根的外部形态、解剖结构，进而联想它们与高等植物的共生关系。

二、仪器与用品

光学显微镜、绘图用具（铅笔、小刀、橡皮、直尺、白纸等）等。

三、实验材料

大豆老根横切片，棉花老根横切片，云杉老根横切片，大豆根瘤切片，鸢尾内生菌根切片，云杉的外生菌根切片。

四、实验步骤

（一）双子叶植物根的次生结构

1. 形成层的发生　取大豆或棉花成熟根横切永久制片观察。在初生木质部与初生韧皮部之间出现形成层，即呈圆弧形排列的薄壁细胞，之后向两侧扩展，同时对着木质部脊的中柱鞘细胞也恢复分裂能力，二者连成波浪状的形成层环，与初生木质部的星芒状相吻合（图 13-1）。

2. 次生结构　取大豆或向日葵老根横切永久制片，在显微镜下由外向内观察周皮、次生韧皮部、形成层、次生木质部和初生木质部。

（1）周皮。老根最外面的几层细胞，由木栓层、木栓形成层和栓内层组成。木栓层居外侧，横切面呈扁方形，径向壁排列整齐，为没有细胞核的死细胞。在木栓层的内方，是一层活的木栓形成层细胞，它主要进行切向分裂，其细胞形态比木栓层更扁一些。栓内层位于木栓形成层内侧，有 2～3 层较大的薄壁细胞。初生韧皮部已被挤坏，常分辨不清。

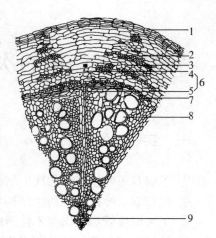

（2）次生韧皮部。维管形成层向外平周分裂而形成的。在周皮之内被固绿染成蓝绿色的部分是次生韧皮部，包括筛管、伴胞和韧皮薄壁细胞，其中夹杂有少量略呈红色的韧皮纤维。在韧皮部中有许多薄壁细胞在径向方向排列成行，是韧皮射线，起着横向运输的作用。

（3）维管形成层。在次生韧皮部和次生木质部之间的几层细胞，呈扁长形，被染成浅绿色。理论上讲维管形成层为一层细胞，为什么在观察时常看到几层细胞？

图 13 - 1　棉花老根的次生结构
1. 周皮　2. 韧皮纤维　3. 韧皮部
4. 韧皮射线　5. 木射线　6. 维管射线
7. 形成层　8. 次生木质部　9. 初生木质部

（4）次生木质部。在维管形成层以内占主要部分的是被番红染成红色的次生木质部，包括导管、木纤维和木薄壁细胞，其中导管很容易辨认，是一些口径大被染成红色的大空腔，有些导管由于分化较晚，木质化程度低，仅被番红染成淡红色，木纤维在横切面上口径均较小，可与导管区分，一般也被染成红色，但二者之间不易辨认。此外，还可以见到由薄壁细胞组成的木射线，沿半径方向呈放射状排列，并与韧皮射线相连，合称维管射线。

（5）初生木质部。位于中心，对着射线内端，两个次生木质部束之间有一些小细胞，导管口径较小，亦被番红染成红色。向中心部分的小细胞均为原生木质部。自己判断后生木质部应在哪里？

（二）根瘤与菌根

1. 根瘤

① 取大豆根瘤浸制标本进行观察，观察根瘤的形状、大小以及分布位置。

② 取大豆根瘤切片观察，在低倍镜下。先区分根与根瘤。然后再研究根瘤的构造。根中有导管，有厚壁细胞，即有前面看过的木质部。没有木质部的是根瘤。根瘤的构造外面层次与皮层相同，皮层向内为小的扁平的分生组织，再向里为几层富含淀粉粒的细胞，最中央为根瘤细菌所栖息的细胞——菌巢，观察这些细胞与别的细胞有什么不同？

2. 菌根

（1）榆或天山云杉菌根。取蜡叶标本用放大镜观察，它们的根有两种，一种为不具菌根的长根，形状与一般根相同；另一种为具菌根的短根，这种根短而粗，常呈珊瑚状。前者长在土壤深层或多水处，后者长在表层干旱处。它们在颜色上有无区别？

（2）鸢尾的内生菌根。取鸢尾根的切片观察，把皮层放在视野的中心，用高倍镜观察，在细胞中原来的小红点变成一个小圈，它们就是细胞中菌丝体的横切面。这些菌丝在根的皮层细胞中，所以是内生菌根。

（3）云杉的外生菌根。取云杉菌根切片进行观察，注意在根的外围有一厚层深色的组织，细胞壁厚，杂乱无章，它就是菌丝组成的菌丝鞘，肉眼看到的珊瑚状膨大处就是它，再注意皮层细胞中也有菌丝，实际上云杉是内外生菌根，只是外面菌丝较多而已。

五、思考题

1. 画大豆根的次生结构图，并注明各部分名称。
2. 试述维管形成层和木栓形成层的发生及其活动。
3. 根瘤是如何形成的？它与根之间在结构和功能上有什么关系？

实验十四　茎尖与茎的初生结构

一、实验目的

① 了解茎尖的外形、分区及内部构造，进而理解它们的生理功能。
② 了解双子叶草本植物茎的初生结构与禾谷类植物茎的结构。

二、仪器与用品

光学显微镜、放大镜、镊子、载玻片、盖玻片、刀片、曙红、蒸馏水、绘图用具（铅笔、小刀、橡皮、直尺、白纸等）等。

三、实验材料

多年生木本植物的枝条（如杨树）、甘蓝、大豆幼茎、蒜薹或韭薹、丁香茎尖纵切片、大豆茎横切片、大理菊茎横切片、小麦茎横切片、玉米茎横切片。

四、实验步骤

（一）芽的结构

取杨树、苹果等不同植物的芽，用肉眼观察分辨鳞芽与裸芽。通过纵切在放大镜或解剖镜下观察辨认叶芽、花芽和混合芽。

取一个剖开的枝芽（叶芽），在解剖镜下观察，辨认芽轴顶端的生长锥、芽轴、叶原基和幼叶，还有幼叶基部的腋芽原基，有些芽在最外面还有芽鳞。

温带地区的木本植物，越冬枝条上的芽多有芽鳞保护，为鳞芽。一般草本植物多为裸芽，即芽外没有芽鳞的包被。

（二）茎尖的结构

取玉米、丁香或黑藻茎尖的纵切片观察，区分原生分生组织（原套、原体）、初生分生组织（原表皮、基本分生组织、原形成层）和叶原基、腋芽原基

等，比较各部分细胞的形态结构特点以及在茎尖
中的位置（图 14-1）。

（三）双子叶植物茎的初生结构

1. 大豆幼茎

（1）徒手切片。取大豆的幼茎做徒手切片，
制成临时装片，在显微镜下区分表皮、皮层和
维管柱三部分。维管束呈束状，环状排列为一
圈，束间有髓射线，中央为髓。注意观察厚角
组织壁的加厚、叶绿体的分布。

（2）永久制片。在显微镜下对照徒手切片，
观察大豆幼茎横切永久制片，详细观察下列
结构。

① 表皮：表皮细胞 1 层，排列紧密，外壁
具有角质层。有些表皮细胞形成表皮毛。表皮

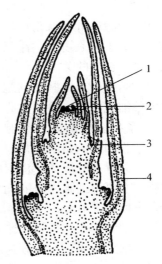

图 14-1　枝芽纵切
1. 生长锥　2. 叶原基
3. 腋芽原基　4. 幼叶

细胞中常可见到两个较小的细胞和二者之间的
缝隙，这就是保卫细胞和气孔，气孔之下是孔下室。

② 皮层：为表皮以内维管柱以外的细胞。紧接表皮之下是几层厚角组织，
细胞相对较小；其内由数层皮层薄壁细胞组成，皮层占整个横切面的比例
较小。

③ 维管柱：茎的中央部分，占整个横切面的比例较大，可分为维管
束、髓射线和髓三部分。维管束呈束状，染色较深，在横切面上排列成一
环，将皮层和髓分隔开。初生韧皮部在维管束外方，初生木质部在内方，
在切片中其导管常被番红染成红色，其细胞壁厚而细胞腔大；每束导管口
径大小不一致。内方的导管最先发育，口径小，是一些螺纹和环纹加厚的
导管，叫原生木质部；外方的导管，口径大，分化较晚，为后生木质部。
木质部导管的这种由内向外逐渐发育成熟的顺序称为内始式，是茎初生构
造的特征之一。

初生韧皮部和初生木质部两者之间是束中形成层。髓在茎的中央，由薄壁
组织构成，细胞排列疏松，有储藏的功能。在维管束之间的薄壁组织是髓射
线，连接皮层和髓（图 14-2）。

2. 大丽菊茎切片　大丽菊是双子叶草本植物。取其幼茎切片进行观察，
区分表皮、皮层、维管柱几大部分的范围，并把这个结构与根的初生结构进行
对比，找出它们的异同点。

（1）表皮。表皮是最外 1 层细胞，细胞的外面有角质层，还有向外突出的表皮毛，注意表皮毛与表皮细胞的关系。

（2）皮层。由厚角细胞、皮层薄壁细胞构成。厚角细胞（组织），紧接表皮的几层细胞，细胞与细胞相邻的角隅部加厚，细胞中可以看见叶绿体。皮层薄壁细胞，在厚角细胞之内的几层细胞，与根差别不大。

（3）维管柱。维管柱鞘，由两部分细胞构成，一部分为厚壁细胞，另一部分为薄壁细胞，所以易于同外面的皮层相区别。厚

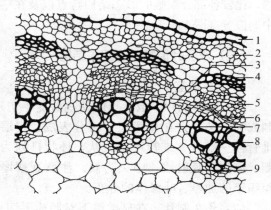

图 14-2 双子叶植物茎横切面图（示初生结构）
1. 表皮 2. 皮层 3. 束间形成层 4. 韧皮纤维
5. 初生韧皮部 6. 束中形成层 7. 髓射线
8. 初生木质部 9. 髓

壁细胞为纤维，称维管柱（韧皮）纤维，常成堆分布，位于韧皮部的外方。薄壁细胞，较厚壁细胞多，位于髓射线的外方，二者排成一圈，组成中柱鞘。维管束呈束状椭圆形，染色较深，在横切面上排列成一环，由 3 部分组成。中间的扁平细胞为（束中）形成层，形成层以外为初生韧皮部，以内为初生木质部，初生木质部的导管大，易于辨认。这里要判断它的原生木质部、后生木质在那里，这一点它与根是不同的。髓-髓射线，茎中央大的薄壁细胞是髓，细胞间隙发达，与髓射线接连，在横切面上呈放射状夹于维管束之间的薄壁细胞是髓射线，它直达于中柱鞘。

（四）单子叶植物茎的构造

1. 小麦和玉米茎 取小麦和玉米茎横切永久制片观察下列结构。

（1）表皮。茎的最外层细胞，排列整齐，外壁有较厚的角质层。

（2）维管束。玉米茎中维管束散生分布，靠近边缘部分维管束小，数目多；在茎中部的维管束大，但数目较少。观察一个维管束，其外围有一圈厚壁细胞组成的维管束鞘，里面只有初生木质部和初生韧皮部两部分，其间没有形成层，属于有限维管束。初生木质部由 3～5 个导管组成，在横切面上呈"V"形。"V"形的底部是原生木质部，由 1～3 个较小口径的导管和薄壁细胞组成。常由于茎的伸长将导管拉破，在"V"形底部形成一个空腔（气腔或胞间道），"V"形上半部两侧各有一个口径较大的导管，是后生木质部，这两个大

导管之间有一些管胞的分布（图14-3）。

　　小麦茎的维管束呈内外两轮排列，外轮维管束小，分布在厚壁组织中；内轮维管束大，分布在薄壁细胞中，每个维管束的结构与玉米的相似（图14-4）。

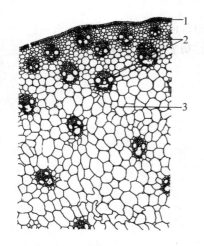

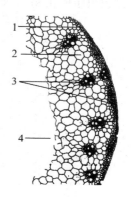

图14-3　玉米茎节间横切面图，示维管束散生

1. 表皮　2. 维管束　3. 基本组织

图14-4　小麦茎节间横切面图，

示维管束两环排列

1. 表皮　2. 基本组织　3. 维管束　4. 髓腔

　　（3）基本组织。表皮和维管束之间的所有细胞称为基本组织。玉米茎靠近表皮的数层细胞体积小，排列紧密，细胞壁增厚并木质化，是厚壁组织，其余均为薄壁细胞。薄壁细胞较大，排列疏松，有胞间隙，越近中央的细胞个体越大。小麦茎靠近表皮有数层厚壁细胞，除有维管束分布外，还有与其相间排列的成群的同化组织，其余均为较大的薄壁细胞，在茎中央部分形成髓腔。

2. 水稻茎

　　① 取水稻茎横切观察，可以看出它也是空心的，内侧也略呈波状起伏，外侧有许多突起的小棱。用指捏，显然比小麦茎柔软。

　　② 取水稻茎切片观察，大致与小麦近似，但也有区别。一是机械组织显然没有小麦发达，因之较柔软，明显地向外突出成棱，由表皮与厚壁细胞组成，数一数厚壁细胞有几层？二是在靠内侧处，不同于小麦处是在维管束之间有通气组织。三是维管束也是两圈，外圈的小，位于突出的机械组织中，内侧的大，位于小维管束的内侧基本组织中。

五、思考题

1. 画大理菊茎初生结构图，注明各部名称。
2. 髓射线的作用是什么？
3. 比较双子叶植物根与茎的初生结构有何异同？
4. 比较单子叶植物与双子叶植物茎的初生结构有何异同？

实验十五 茎的次生结构、木材的构造

一、实验目的

① 了解双子叶植物茎的次生结构及其形成过程，了解木本植物茎与草本植物茎在结构上的区别。

② 认识木材在 3 个切面上的结构，认识环孔材、散孔材与无孔材的区别。

二、仪器与用品

光学显微镜、放大镜、绘图用具（铅笔、小刀、橡皮、直尺、白纸等）等。

三、实验材料

椴树茎切片、桃树茎切片、棉花老茎切片。

四、实验步骤

（一）茎的次生结构

1. 椴树茎 取三年生椴树茎切片，用低倍显微镜观察各部分的特征（图 15 – 1）。

（1）次生木质部与生长轮。次生木质部在整个切片中占很大比例，整个由 3 个同心圆组成，每个同心圆就是一个生长轮，是次生木质部一年的生长量，也叫年轮。每一个年轮靠圆心的一侧细胞大，靠外侧的细胞小，而且是扁平的，中间是一些过渡形态，细胞大的是春材（早材），细胞小的是秋材（晚材），在它们之中区分导管、木质纤维、木质薄壁细胞。

（2）初生木质部。位于次生木质部的最内侧，细胞是小形的。靠内侧还可以看到成堆的更小的细胞的是原生木质部，而较大的细胞是后生木质部。

（3）髓。在中央，细胞远较初生木质部细胞大，它们是一些生活细胞，在髓中还可以看到分泌组织的细胞。

（4）形成层。次生木质部外侧的扁平细胞。排列较整齐，是由几层淡蓝色的扁平的细胞构成。形成层细胞实际为1层，我们所见的几层其中有些是分裂出来还未分化的细胞，因此笼统地叫它们为形成层区。

（5）次生韧皮部。形成层之外，它们被大型的射线细胞隔成一段一段，在每段中可以清楚地看到成束分布厚壁细胞——纤维，以及其薄壁的筛管、伴胞及韧皮薄壁细胞。

（6）初生韧皮部。位于次生韧皮部的外侧，由厚壁细胞组成，被射线分成一段一段。也就是说初生韧皮部成堆分布，排列成一个圆环。

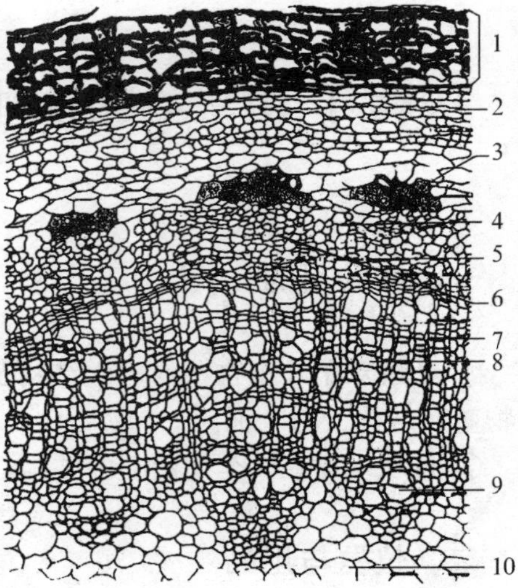

（7）皮层。在初生韧皮部的外侧，细胞层次不多，形状不规则，有些细胞由于内部组织的加粗，而被拉得很扁。

图 15-1　木本植物茎横切面图
1. 周皮　2. 皮层　3. 韧皮纤维　4. 髓射线
5. 韧皮射线　6. 次生韧皮部　7. 木射线
8. 次生木质部　9. 初生木质部　10. 髓

（8）周皮。位于最外圈，由三部分组成，由外及内，分别为木栓层、木栓形成层、栓内层。它们的区别在哪里？根据细胞的颜色、形状判断。

（9）射线。它呈放射状排列，可以分为两类：一类自髓部开始，另一类则自次生木质部开始。前者叫髓射线（初生射线），后者叫次生射线。每条射线在木质部呈细线状，称木射线，在韧皮部呈喇叭口状扩大，叫韧皮射线。

2. 桃树茎　取桃树二年生茎切片在低倍镜下观察，可见它由白、红、紫黑色构成。中间白色多边形为髓，髓外两圈红色为次生木质部的生长轮，最外层紫黑色的为皮层与周皮。

在显微镜下放大逐步观察，并与椴树茎进行比较。

（1）残留的表皮。由一层方形细胞所构成，因为周皮顶撞，细胞已逐个地解离，但角质层仍然清晰可辨。

（2）周皮。桃树的周皮是发达的，木栓层大约有10层，因为色泽（细胞壁的薄厚）的不同，大致可以看出第一季形成了5层。在木栓层内找木栓形成层与栓内层。

（3）皮层。全为薄壁细胞，厚角细胞已看不清。由此推论，木栓形成层可能来自皮层外层。

（4）初生韧皮部。桃树没有维管柱鞘，皮层内直接为初生韧皮部，由于次生韧皮部的挤压，它仅留下了韧皮纤维。

（5）次生韧皮部。与椴树茎进行比较，找出它们的异同点。

（6）形成层。与椴树相同。

（7）次生木质部。由两个生长轮所构成。

（8）初生木质部。根据细胞的大小可清楚地与次生木质部区分开。

（9）射线。呈放射状展开，细胞染色较深，与椴树略有不同的是韧皮部射线没有椴树茎那样宽，在初生木质部的末端，向两侧延伸少量的细胞，包裹初生木质部。

（10）髓。细胞壁薄，多角形，找找看，看有无分泌组织？

3. 周皮与皮孔　取椴树茎通过皮孔的横切片，在低倍物镜下观察，看到茎表面形成的两边拱起的裂口，就是皮孔（图 15-2），是周皮上的一种通气结构。裂口内方为薄壁的补充细胞，转换高倍物镜，观察周皮的详细结构。

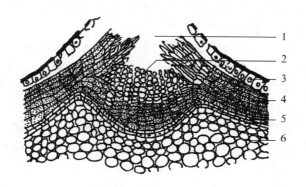

图 15-2　双子叶植物周皮及皮孔示意图

1. 皮孔　2. 补充组织　3. 残留表皮　4. 木栓层　5. 木栓形成层　6. 栓内层

（二）木材的结构

1. 新疆杨木材结构

（1）横切面。①几条到十几条细的射线，注意射线细胞是笔直的，还是在遇到大细胞（导管）之后梢有拐弯。②在射线之间夹杂一些大小相同的细胞，大细胞呈长圆形、"日"字形或"目"字形，注意这些导管在整个横切面上是散漫的，无规律可找，所以是散孔材。小的多角形细胞分别为木质纤维或木质薄壁细胞，注意它们细胞壁的厚度。

（2）半径切面。①纵长细胞，有宽有窄，宽的是导管，注意两个导管分子怎样相接，每个导管分子的长短，导管壁上的花纹（有的能看见，有的看不见，为什么?）。②窄细胞为木质纤维，注意纤维细胞怎样相接，每个细胞的长短宽窄。③横向排列的细胞为射线，因为射线遇见导管之后拐弯，所以它被切成一段一段，注意它们是生活细胞，还是死细胞（怎么判断?），注意每个细胞的长、短、宽、窄。

（3）切向切面。①纵长的细胞也是有宽有窄，这种情况与上面一样，要注意的还是细胞的长、短、宽、窄，怎样相接。②在导管附近可以看见宽短的长方形细胞，它们是木质薄壁细胞。③在纵细胞之间夹着一串串纵长分布的细胞的横切面，它们就是射线的横切面，数数它的高、宽各为几层细胞?

2. 榆树木材结构　取榆树木材切片观察，并与新疆杨木材比较。

（1）横切面。①先用显微镜观察它的导管是怎样分布的，是散漫的，还是排列成带状? 它属于环孔材。②依据早材与晚材的规律找出年轮，早材中导管较大，较多，木材纤维较少，射线绕行于其间，在向晚材过渡中，导管数个集聚在一起，呈梅花状，由它再排列成波浪状，而木质纤维特多，进而在晚材中以木质纤维为主，这里射线宽而粗直。

（2）半径切面。①纵长的细胞长的为纤维，宽大的为导管（为什么有的能看见导管壁上的花纹，有的看不见?）。②在导管的位置下有时还可以看见纵列或斜列的较短的长细胞，它是木质薄壁细胞。③横向排列的是射线，数数射线的高度有几层细胞。如有不同，为什么?

（3）切向切面。①观察纵长的细胞，区分纤维、导管与薄壁细胞。②把它的纤维与新疆杨的纤维比校，解释为什么榆木重，杨木轻，榆木结实，杨木不结实。③它的射线长宽与新疆杨相比有什么不同? 什么形状?

3. 天山云杉木材结构　取天山云杉木材切片观察。

（1）横切面。①先找出生长轮与射线，生长轮中早材与晚材的过渡缓慢，它没有特大的导管与纤维，全由管胞所组成，所以称为无孔材。②在生长轮中可以看见树脂道，它是分泌组织。③射线由单列或二列细胞组成。

（2）半径切面。①纵长的细胞全为管胞，但细胞仍有宽窄之分，细胞壁仍有厚薄之分。根据这些确定它的早材与晚材，每个管胞有多长，它们的末端什么形状? 怎样接头? ②在早材的细胞壁上可以看见一串圆圈，调暗光线，可以看见圆为 3 个同心圆组成，它们就是具缘纹孔。③横向排列的为射线，它也是由管胞组成，观察它的壁上有无纹孔，如有请与前种纹孔比较大小，排列方式有何不同?

（3）切向切面。①纵长的细胞也是管胞，它有没有早材与晚材的区别（为什么？），管胞末端什么形状？彼此怎样相接？在管胞壁切面上有具缘纹孔的纵切面。②观察射线，射线细胞较大，是由单列细胞组成。③树脂道，排列成纺锤形，中间宽，两端窄，周围有很多小的分泌细胞，中央有一个空腔，为树脂道。

4. 白蜡木材 取白蜡木材切片，自己观察，根据上述特点，找出它与上述 3 种木材的不同点。

五、思考题

1. 表皮与周皮在起源、组成、性质上有何不同？

2. 形成层在理论上为 1 层细胞，但观察时常见到几层相似的细胞，为什么？

3. 茎的形成层是如何发生和活动的？它们属于哪种分生组织？将来各自形成什么组织？

4. 年轮（生长轮）、早材和晚材是怎样形成的？

5. 画椴树三年生茎或桃树二年生茎的结构，注明各部分名称。

实验十六　叶的结构

一、目的与要求

① 掌握双子叶植物、单子叶植物（禾本科）叶的结构特点。
② 了解松树叶的结构特点。

二、仪器与用品

光学显微镜、绘图用具（铅笔、小刀、橡皮、直尺、白纸等）等。

三、实验材料

棉花叶切片、榆树叶切片、玉米叶切片、小麦叶切片、松树叶切片、天山云杉叶切片。

四、实验步骤

（一）双子叶植物叶的结构

1. 棉花叶　取棉花叶切片，分叶片与叶脉两部分观察。

（1）叶片。自上而下的观察，可见：①上表皮，是一层扁平的细胞，细胞外面有角质层，还可以看到腺毛与表皮毛。表皮毛为单毛，每处生有1～5枚，由于它们的关系，所以肉眼看叶时有毛茸茸的感觉；腺毛呈棒槌状。表皮上还有气孔，保卫细胞稍高出表皮细胞，保卫细胞相对侧有三角状加厚，它不同于表皮细胞，细胞中有叶绿体。②栅栏组织接近上表皮，细胞为柱状，垂直于表皮，细胞中有较多的叶绿体。③海绵组织在栅栏组织之下，接下表皮，细胞形状不规则，排列疏松，细胞间隙发达，叶绿体较少。④下表皮近似上表皮，自己找找不同的地方。⑤小叶脉，可能看见纵切、斜切、横切的叶脉。在看完叶脉之后，再详观察这一部分。

（2）叶脉。叶脉分主脉与侧脉，这里是看主脉，看懂之后，再去看侧脉的各种切面。①表皮在上下面均有，看气孔、表皮毛是否有分布？②上下表皮之内为厚角组织，看它的特征，数它的层次。③基本组织在厚角组织之内，细胞较大而壁薄。④维管束位于中央，排列呈倒扇面状。木质部位于上侧，可见一串串红色的导管，之间夹着一些绿色的薄壁细胞及较大的射线细胞。下侧是韧皮部，由一些绿色的小的多边形细胞构成。中间也有大的不规则的韧皮射线细胞。同学们自己由下向上观察，看它的结构是否与我们所看到的双子叶植物茎的结构一致，中间又有什么不同？

2. 榆叶

（1）叶片。①表皮上下两面均有，与棉花相比较，它没有表皮毛与腺毛，气孔多分布在下表皮。②叶肉，栅栏组织细胞为柱状，有 2～3 列；海绵组织细胞不规则，为弯曲、直或分枝的长细胞，排列极其疏松。③小叶脉极多，各种方向的切面均有，最好找一横切的观察，叶脉的上下部无叶肉而为机械组织，细胞中没有叶绿体，在维管束的外面是一圈较大的维管束鞘细胞。

（2）叶脉。整个的形状为浅"A"字形。它的层次也是表皮、厚角组织、基本组织、维管束。

（二）禾本科植物叶的结构

1. 玉米叶　取玉米叶切片进行观察，则见其结构与榆树叶或棉花叶区别很大，应注意观察，找出它们的异同点。

（1）表皮。上下表皮不同，上表皮由 4 种细胞构成，①运动细胞，细胞较大，细胞壁薄，3～4 个在一起排列成扇面状，它对水分敏感，水分少了，它就收缩，因为它们在叶面上成行排列，且不至一行，因而导致叶片呈卷筒状；相反的水分增加，导致叶片张开。②表皮细胞，与一般表皮细胞大小相似。③机械细胞，位于维管束的上面，为厚壁细胞。下表皮无运动细胞，但是有气孔，④气孔，由 4 个细胞组成，外侧的两个大叫副保卫细胞，内侧的两个小，叫保卫细胞，保卫细胞的形状为哑铃形，中间的腰细长，常见的是它细腰部分的切面，而不是膨大处切面。

（2）叶肉。夹在上下表皮之间，注意有无栅栏组织与海绵组织的区别，细胞形状不规则。

（3）维管束。可以看到大小不同的维管束，在每个大维管束之间，夹着 5～9 个小维管束，在维管束的周围，有几个大型的薄壁细胞，即维管束鞘，（小维管束的维管束鞘细胞相对的很大），为花环状，细胞中还有叶绿体（C_4 植物），中间为木质部与韧皮部（图 16-1）

（4）主脉。与榆、棉花叶有很大的差别，在上下表皮内侧是一些机械组织，维管束排列靠近下表皮，其上为大量的基本组织细胞。

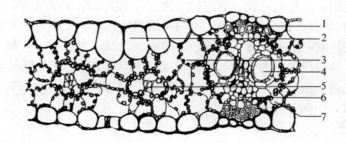

图 16 - 1　玉米叶片横切面结构

1. 厚壁组织　2. 运动细胞　3. 叶肉　4. 木质部　5. 维管束鞘　6. 韧皮部　7. 维管束鞘

2. 小麦叶　取小麦叶切片观察。方法步骤如上，找出和玉米叶的相同点与不同点。①注意运动细胞是否一样？②维管束鞘为两层细胞（C_3 植物），外层的大，内层的小，观察哪一层无叶绿体？哪一层有叶绿体？

（三）松树叶的结构

取松树叶切片观察，它的形状为半圆形，由外及里的层次为：①表皮系统，由两层小细胞构成，外层为表皮，内层为下表皮，细胞壁特厚，在一定的部位有气孔，气孔的保卫细胞有 4 个，外面的一对为副保卫细胞，里面的一对为保卫细胞，气孔下有孔下室。②叶肉，紧贴表皮向里的薄壁细胞，细胞壁向内突入形成皱褶，细胞中有叶绿体。在叶肉中还可见树脂道。③内皮层，叶肉以内有明显的内皮层，细胞内含有淀粉粒，细胞壁上有凯氏带。④转输组织，在内皮层以内，可能与叶肉和维管束之间的物质交换有关。⑤维管束，有两个，在转输组织之内，呈"八"字形排列，上侧为木质部，下侧为韧皮部。

五、思考题

1. 双子叶植物和禾本科植物叶的结构有何异同？

2. 玉米叶和小麦叶在维管束的结构上有何区别？

3. 松树叶属于哪种生态型？

4. 双子叶植物与禾本科植物叶各画一图，并注明各部分名称。

实验十七　叶的结构与环境的关系

一、实验目的

① 观察不同环境条件下植物叶的结构特点。
② 了解离层的形成过程与构造。

二、仪器与用品

光学显微镜、绘图用具（铅笔、小刀、橡皮、直尺、白纸等）等。

三、实验材料

夹竹桃叶切片、眼子菜叶切片、水稻叶切片、杨树离层切片。

四、实验步骤

1. 夹竹桃叶　夹竹桃叶属于典型的旱生植物叶，取夹竹桃叶切片观察。

（1）表皮。由3～4层细胞构成，即为复表皮，外面的一层有发达的角质层。下表皮有很多凹陷，凹陷中有很多表皮毛，在毛间表面才分布的有气孔，为气孔窝。

（2）叶肉。栅栏组织发达，并非一层，而是有若干层（自己数一数），不仅在近上表皮处有，而且在近下表皮处也有。而海绵组织则层次简化，夹在栅栏组织中间。

（3）叶脉。在表皮下的机械组织特别发达，在维管束中输导组织也发达。

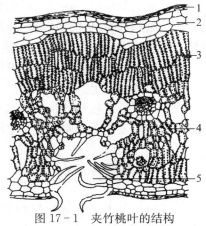

图 17-1　夹竹桃叶的结构
1. 角质层　2. 复表皮　3. 栅栏组织
4. 海绵组织　5. 气孔窝

这是为什么？

2. 眼子菜叶　眼子菜是典型的水生植物，也表现在叶的构造上，可以归纳为4点。叶薄，保护组织、输导组织退化，机械组织不发达，通气组织发达。取切片观察；①表皮，1层细胞，外面无角质层与气孔，但细胞中有叶绿体的分布。②叶肉，1至几层细胞，细胞全为海绵组织，细胞间隙较大。③维管束，维管束中的输导组织不发达，在维管束外有1~2层薄壁细胞，以后细胞呈链状排列，连接到表皮，形成很大的孔腔，这就是通气组织，找不到机械组织。

3. 水稻叶　水稻是湿生植物，取其叶片切片观察。

（1）表皮。先看上表皮，有明显的倒扇面形排列的运动细胞，远较小麦、玉米叶发达。在其两侧为小型的表皮细胞。在叶肉中大的维管束处，表皮细胞的壁加厚成机械组织，并且向外突出成三角形。除运动细胞外，其他的表皮细胞的壁不仅角质化，而且高度的硅质化，形成硅质与栓质的乳头状突起。表皮上有气孔，注意分布在什么地方？

（2）叶肉。叶肉细胞向内突出形成皱褶，叶绿体分布在边缘。

（3）维管束。有大小两种，两个大维管束间夹着几个小维管束，注意它的维管束鞘是几层细胞？判断它属于 C_3 植物，还是 C_4 植物？

（4）主脉。与玉米不同，靠上表皮也有维管束，基本组织细胞排列成链状，形成气腔，即通气组织。

4. 杨树叶离层　离层不仅形成于叶柄基部，在花、果脱落时也形成离层。这里只看叶的离层。取杨树枝条、叶柄（示离层）纵切片，先用低倍镜观察，确定哪一部分是茎？哪一部分是叶柄，然后再用中倍镜观察叶柄基部的离层结构。

（1）表皮与皮层。在茎与叶柄处由外向里是表皮、皮层。细胞中有清楚的细胞质、细胞核、晶体。在茎的皮层中有成团分布的石细胞，调整光线，可以看见石细胞壁上的纹孔与加厚的层次。

（2）叶迹。就是叶柄中的维管束，叶柄维管束的比例是很小的，因而有的能切上，有的切不上。如果切上了，就可以看见纵切的导管。

（3）离层。在枝与叶柄间有5~8层细胞，细胞染色显然与两侧不一样，细胞大，间隙发达，细胞中没有生活物质，它就是形成中的离层。

五、思考题

1. 分析旱生植物和水生植物的叶是如何适应环境的？
2. 离层是否仅形成于叶柄处？在什么情况下形成？
3. 绘一段旱生植物叶片和水生植物叶脉的图，并注明各部名称。

实验十八　雄蕊的发育与结构

一、实验目的

① 掌握不同发育时期花药的结构。
② 观察减数分裂的过程，掌握减数分裂各时期变化的形态特征。
③ 观察不同植物花粉粒的形态。

二、仪器与用品

光学显微镜、放大镜、镊子和载玻片、绘图用具（铅笔、小刀、橡皮、直尺、白纸等）等。

三、实验材料

百合、朱顶红和复叶槭等植物的老幼花药和花丝的切片标本，多种植物的新鲜花粉。

四、实验步骤

（一）花丝的结构

花丝的结构简单，横切面呈圆形或稍扁，常无色或稍具黄色，由下列各部分组成。

1. 表皮　常 1 层。无色透明，具角质层及少数气孔。

2. 皮层　由数层薄壁细胞组成，胞间隙多不发达，液泡中含有少量花青素。

3. 维管束　大多数植物仅具有单一的维管束，为周韧型。但木质部与韧皮部排列常不规律，因而有时难以确定其类型。

（二）百合花药的结构

百合花药横切面，可见由 4 个花粉囊以药隔相连呈蝴蝶形（图 18 - 1）。

1. 表皮　为围绕在整个花药之外的 1 层细胞，常较小，排列整齐，具薄的角质层，有气孔分布。与同一侧的两个花粉囊汇合处的表皮细胞，形成由大渐小的唇细胞。

2. 花粉囊　幼花药由于花粉囊的细胞层数较多则显得较厚（图 18-2），并可在其中及药隔中

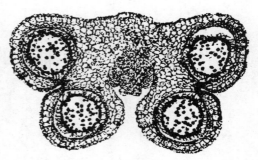

图 18-1　百合幼嫩花药横切面

见到许多淀粉粒。每一花粉囊由外向内依次可区分为：①表皮 1 层。②纤维层 1～2 层（因部位而定），细胞较大，壁亦稍厚，细胞质稍稀薄（染色较浅）。③中层 3～5 层，常视发育阶段而定，随着花药的长大层数逐渐减少，并可见到细胞解体的残留形体，细胞较小，细胞质浓，壁薄。④绒毡层 1 层，细胞壁薄、细胞质浓、细胞核大，并可见到多核及核内分裂现象。幼花粉粒尚不饱满。

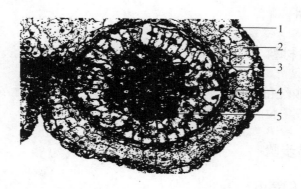

图 18-2　百合幼嫩花药花粉囊的结构
1. 表皮　2. 纤维层　3. 中层　4. 绒毡层　5. 药室

成熟的花粉囊壁结构则较简单，自外向内依次可见：①表皮 1 层。②纤维层 1～2 层。③中层消失。④绒毡层消失或仅见残迹药隔，花粉囊壁细胞中淀粉粒消失，花粉粒饱满而充满营养物质，否则为不正常的花粉粒。纤维层细胞除外切向壁外，其他均显著加厚并木质化，而且在垂周壁上具不均匀的条纹状木质化加厚。此时，表面的唇细胞发育成正常大小后显得特大，并向两花粉囊汇合处逐渐变小，而汇合后的壁细胞又显得特小。此结构有利于花粉囊的开裂。一旦开裂，则两花粉囊常沟通。花粉粒则由裂缝溢出传播。

3. 花粉粒　选取已切开的花粉粒观察。可见有外粉壁及内粉壁之分，注意其形态特征。内具一核稍大，此即营养核（管核），一核稍小，扁形而稍靠边，此即生殖核，是谓二核花粉。

4. 药隔　药隔主要由薄壁细胞组成，具单一的周韧维管束。细胞形态较小，且从不伸入花粉囊中。花药幼嫩时含有多量的淀粉粒，待花药成熟时，消失而不可见，则大部分转化储存在花粉粒中。

（三）朱顶红花药的结构

它属于石蒜科植物，此材料已成熟开裂，花粉粒大部分已散出。

1. 表皮　1层细胞，具角质层，具气孔、唇细胞少而大。

2. 药隔　具单一周韧维管束，薄壁细胞中淀粉粒已不可见。

3. 花粉囊　4个花粉囊已裂开，中层及绒毡层已消失，除表皮外，纤维层多为2层细胞组成，均具有明显的条纹状加厚。

（四）复叶槭花药结构

复叶槭花属风媒植物。

1. 药隔　单一维管束呈圆形，细胞较小，排列较整齐，其薄壁细胞数目较少。

2. 表皮及花粉囊　成熟的花粉囊仅由1层细胞组成，即表皮；此外尚可见一层绒毡层的残迹，说明无正常的纤维层分化。它和中层一样，在花药发育过程中均作为花粉粒的营养物质而消失了。玉米、高粱也属于此类型。

3. 花粉粒　饱满、外粉壁光滑，储有丰富的营养物质。

（五）花粉粒形态多样性观察

各种植物的花粉粒都具有各自的形状、大小与颜色，萌发孔的形状、数目与大小，花粉壁的结构特点，核的数目及大小以及储藏物质的多少等特征，都是识别它的依据（图18-3）。取花粉粒装片，或分别取花粉粒少许置载玻片上，

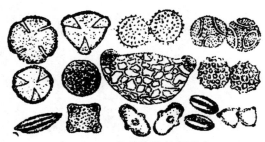

图18-3　花粉粒的外部形态

加甘油1滴，加盖玻片后进行观察，必要时以 $I_2 - KI$ 溶液1滴染色后观察。

① 小麦、东方旱麦、榆树、白蜡和复叶槭等均属风媒花，花粉粒小、光

滑。云杉具 2 个气囊。

② 棉花、南瓜、辣椒、柳树和沙枣等均属虫媒花，花粉粒大，不光滑，注意外粉壁上花纹、刺突和沟槽等形状差异。

③ 小麦、东方旱麦、玉米和南瓜等均属圆形，榆树为梭形，沙枣为隆起的三角形。

④ 小麦和东方旱麦草具有一个萌发孔，沙枣每个隆起顶端具 1 萌发孔，棉花 8～16 个萌发孔，油菜 3～4 个孔沟。

五、思考题

1. 绘花药的结构图和花粉粒的结构图。

2. 雄蕊为叶的转化，但与叶的结构完全不同，应如何理解？

3. 成熟花药包括哪些基本结构？在它的发育过程中有什么变化？

4. 如何理解植物界花粉粒形态的多样性？

实验十九　雌蕊的结构

一、实验目的

① 了解雌蕊的结构与功能，认识雌蕊各部分的生物学特征。
② 观察胚发育过程中的动态变化，掌握胚发育各个时期的结构及特点。

二、仪器与用品

光学显微镜、放大镜、镊子和载玻片、绘图用具（铅笔、小刀、橡皮、直尺、白纸等）等。

三、实验材料

百合、郁金香、荠菜、甜瓜、复叶槭、榆叶梅、君子兰等植物的花柱、柱头和子房的横切片。

四、实验步骤

首先取一种植物切片。先在低倍镜下观察整个切面的结构，再用高倍镜放大观察微细结构，然后再取其他植物切片进行比较观察。分析风媒与虫媒以及子房上位与下位花在雌蕊结构上的异同。

（一）柱头与花柱的结构

1. 柱头的结构　柱头是雌蕊接受花粉的部分。在开花时有两种类型，一种如榆叶梅、荠菜和油菜等在柱头上形成许多分泌液，柱头的表面是由一层表皮细胞分化成乳头状突起，表现为细胞较长且细胞质浓，具薄的角质层，具有分泌能力，也有在表皮之下的 1～2 层细胞构成分泌区或腺组织；它们的分泌物或储存在表皮与角质层之间，或储存在细胞间隙中，于开花时溢出于柱头之外。另一种类型是没有分泌物，如棉花和小麦等，柱头表面具有许多的单细胞表皮毛，分枝或不分枝，毛下则为数层薄壁细胞，胞间隙较大。这两种类型均以薄壁细胞与花柱的花柱沟相连接。

2. 花柱的结构　在横切面上观察，花柱的最外层为一层表皮细胞，具薄的角质层，或分化为表皮毛。接着为数层薄壁细胞，中心则分为两种：一种是维管束与花柱沟细胞组成实心类型，花柱沟细胞（亦称引导组织）为薄壁且沿花柱方向细长的细胞，为具分泌功能的腺性组织。另一种为空心类型，除维管束外，沿花柱沟方向为1层高度腺性或分泌功能的细胞形成纵的沟道腔。这两种类型均以花柱沟腺性细胞与柱头的腺性细胞相接，维管束的数目与子房之心皮数目和子房室数相关，如复叶槭为2、榆叶梅为1、君子兰为3，但均消失于柱头以下而不进入柱头。君子兰在柱头以下的花柱沟为一室，在中部以下的花柱沟也和子房一样为3室。

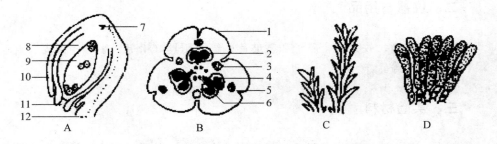

图 19-1　雌蕊的结构
A. 胚珠　B. 百合子房横切面　C. 小麦毛状柱头　D. 荠菜柱头腺细胞
1. 子房壁　2. 胚珠　3. 胎座束　4. 子房室　5. 果脊束　6. 胎座　7. 合点　8. 珠心　9. 胚囊
10. 珠被　11. 珠孔　12. 珠柄

（二）子房的结构

1. 百合子房的结构　由心皮组成子房的壁，叫子房壁；由子房壁与隔膜构成子房室；在胎座上着生胎珠。百合为3心皮3室，中轴胎座胚珠多数。

（1）子房壁的结构。子房壁的结构与叶相似，但远较叶简单，特别是开花时各种植物都显得更简单。百合子房壁由外（相当于叶背面）向里可分为以下几部分。

① 外表皮：1层细胞，具薄的角质层和气孔，细胞体积较内表皮大。

② 薄壁细胞：相当于叶肉细胞，但无组织分化，靠近外表皮的几层细胞较大，并含有叶绿体。常于开花时储有淀粉粒等营养物质。

③ 维管束：通常不及叶片发达，按来源有两种，其每一心皮的背缝线相当于主脉者，叫果脊束，通常为单一维管束，很少分枝。在腹缝线（连合线）即形成隔膜之处，相当于叶的侧脉的维管束，则每侧 1 条，叫胎座束，常多分枝，分枝并与每一胚珠的维管束相沟通。两侧相联合的心皮的胎座束常汇合在一起。果脊束与胎座束均为韧皮部在外和木质部在内的外韧维管束，而且每一维管束的外围均具小的薄壁细胞。

④ 内表皮：1 层，细胞较小，排列整齐，核较大。

（2）隔膜及胎座。多室子房的隔膜（室间隔）为心皮部分内折联合而成，以薄壁细胞为主，其中具胎座束分枝经过而进入胚珠。心皮汇合特化成的中轴胎座也以薄壁细胞为主，和具有维管束分枝，位于表面（即内表皮）具大型分泌细胞，细胞核大而质浓。

（3）胚珠。百合每室 2 列胚珠，为倒生胚珠，可区分为：①珠柄，基部着生在胎座上，顶部连着珠被与珠心。其中的维管束于二者汇合处消失（即末梢或分枝）。②合点，于开花时胚珠尚小。维管束常多处于原形成层状态，细胞呈纵向细长而有别于一般珠柄细胞。③珠被，分内珠被与外珠被，均仅由 2～3 层细胞组成，由于是倒生胚珠，外珠被的一侧与珠柄愈合而不可见，内珠被顶端没有完全愈合而留有细缝隙。④珠孔，为花粉管进入胚珠的主要通道。⑤珠心，在内珠被之内，由 1～2 层细胞组成，细胞较小，核大而几乎占据整个细胞。⑥胚囊，为典型的八核胚囊，在珠孔端具卵（雌配子）及助细胞 2 个，合点端具 3 个反足细胞，胚囊中部具 2 个极细胞，此八核组成卵形的胚囊，即雌配子体。

2. 郁金香子房的结构　郁金香亦属百合科植物，在结构上与百合子房结构相类似，可与百合进行比较观察。也为 3 心皮 3 室，中轴胎座，侧生胚珠，每室 2 列。维管束系统显著发达，除果脊束外，可见果脊束分枝出现于胎座束与果脊束之间，胎座束也较百合发达（可能与子房发育阶段有关）。此材料在子房室中，可见到花粉管的片段。

3. 甜瓜子房的结构　在观察时要注意两点，其一是甜瓜为子房下位，则子房壁的外层部分属花托组织；其二是胎座特别发达，心皮边缘向内伸延而卷曲，可达子房中心，而后折转至子房壁，因之似假 3 室，仍属侧膜胎座。据此分析如下：

① 花托表皮：1 层细胞，横径较长，排列整齐，明显角质化；气孔较多，有明显的内气腔；具不分枝的多细胞表皮毛，愈向顶端细胞愈大。

② 花托皮层：接近表皮的数层细胞，细胞较小，而愈靠外愈小的为厚角细胞，愈靠内愈大的则为薄壁细胞，两者均含叶绿体。

③ 花托维管束分枝很多：在大的维管束之间具较多的小维管束，为双韧维管束。

④ 薄壁组织：花托与心皮完全愈合成一体而无明显界限，均为大型薄壁细胞，而且愈向内细胞愈大，将来形成广义的中果皮及内果皮。

⑤ 果脊束及胎座束：为组成内轮的大维管束，两者不易区分，由于胚珠数目很多，又形成诸多小枝伸入发达的胎座中。

⑥ 胎座：主要为大型薄壁细胞组成，储有营养物质，果熟时则多呈浆质状。

⑦ 胚珠：倒生胚珠，单层珠被。

⑧ 蜜腺：在花柱基部和花被之间，呈盘状，为具浓细胞质的分泌细胞组成。

五、思考题

1. 绘子房及胚珠的结构图。

2. 简述心皮、子房壁、大孢子、大孢子囊、胚囊和雌配子体的概念及其关系和区别。

3. 上位子房与下位子房花的在果实形成及结构上有何差异？

实验二十　低等植物

一、实验目的

① 通过观察藻类、菌类和地衣植物不同种类的形态特征与结构，进而了解它们在植物界进化过程中所处的位置。

② 了解和识别低等植物的常见种类，学习观察和鉴定低等植物的方法。

二、仪器与用品

光学显微镜、培养皿、载玻片、盖玻片、解剖用具（尖镊子、解剖针、刀片）、纱布、蒸馏水、常用染色液、绘图用具（铅笔、小刀、橡皮、直尺、白纸等）。

三、实验材料

衣藻属（*Chlamydomonas*）、水绵属（*Spirogyra*）、轮藻属（*Chara*）植物的新鲜标本，轮藻卵式生殖的装片，水绵的结合生殖装片，黑根霉菌，青霉的活体装片，伞菌切片。

四、实验步骤

（一）藻类植物

1. 衣藻属　取衣藻装片标本用显微镜观察，先用低倍镜观察装片，当玻片上出现卵圆形绿色的或红色的小点（这是染的颜色不是藻体本色），它即为衣藻的藻体，然后换成高倍镜放大观察。衣藻形体呈卵圆形或椭圆形，是单细胞植物，如果装片很好，在藻体先端有两根等长的鞭毛，在生活状态，鞭毛摆动可以游动，其细胞壁是纤维质的，外被透明的胶质层。观察细胞内部，藻体下端，具有一个杯状的载色体，其上有一个大的起储藏功能的淀粉核，细胞核位于载色体中央凹陷处。观察藻体前端的一侧有两个收缩泡，它的收缩可以促使鞭毛摆动，在收缩泡相对的一侧有一个红色的眼点。藻体中除上述各种结构外，均为原生质所填充（图20-1）。

2. 水绵属　取水绵营养体少许置于载玻片上，用低倍镜观察，水绵的藻体是多细胞的、不分枝的丝状体，植物体的外面呈现亮黄色即为胶层，如果用手摸拿会有光滑感。进一步观察一个细胞的内部结构，可见水绵有1至数条带状的、呈螺旋状排列的载色体分布在细胞中。用番红染色，盖好盖玻片用高倍镜观察，在细胞中央有一个较深的红色圆球，即为细胞核，如果染色理想可以见到核的四周有原生质丝与细胞壁相联系。再取另一条水绵制片，用 I_2-KI 试剂染色，然后用低倍镜观察，可见载色体上呈现多个蓝色的小圆粒，就是储藏作用的淀粉核。取水绵结合生殖装片观察其有性生殖过程，但装片是静态的，只有观察多种现象、再联系起来才能理解动态概念。水绵的有性生殖为梯形结合，用低倍镜观察生殖过程，可以看到相并排列的两条水绵丝状体向对一侧，先形成突起，进而突起愈来愈长，相接后两突起横壁溶解，形成沟通的接合管。观察细胞内部，可以看到在结合管形成的同时，原生质体完全浓缩形成不同性的配子。进一步观察，则可见有些配子（♂）通过结合管流向另一条丝状体的细胞中，并与该细胞的配子（♀）相结合形成黄色的合子。双相的合子具有较厚的细胞壁，它可以渡过不良的环境，当环境适宜时，合子萌发，经过减数分裂后，形成单相的丝状体（图20-2）。

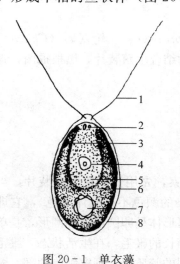

图 20-1　单衣藻

1. 鞭毛　2. 伸缩泡　3. 眼点　4. 细胞核
5. 细胞质　6. 载色体　7. 蛋白核　8. 细胞壁

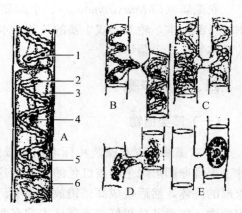

图 20-2　水　绵

A. 丝状体　B～E. 结合生殖过程

1. 载色体　2. 淀粉核　3. 液泡　4. 核
5. 细胞质　6. 细胞壁

3. 轮藻　轮藻为绿藻纲较为高等的藻类，生活在不流动的含有钙质或矽质的水中。取藻体进行观察：

① 取轮藻营养体一段放在盛水的培养皿中使其自然展开，用肉眼或放大镜观察，将轮藻营养体区分为"根"、"茎"、"叶"三个部分。用放大镜观察中央较粗的部分，是由呈圆柱状细胞组成"茎"。"茎"无组织分化，故叫假茎。"茎"上有节与节间的区分，节上着生轮状排列的由单个长细胞形成的假叶。假若取材于基部，则可以见到着生无色、分枝的假根，假根起固定作用。

② 取轮藻的生殖枝制作装片或取现成装片标本观察其卵囊与精子囊。卵囊，用放大镜或低倍显微镜在轮藻的叶腋间观察，可以见到卵圆形的卵囊。卵囊的壁为多个扭曲的细胞螺旋状组成。卵囊内生有卵细胞。精子囊，用同样方法在叶基下部观察，则见到由多细胞构成的、形状为圆球形的精子囊。精子囊内产生螺旋状的有 2 根鞭毛的精子（图 20-3）。

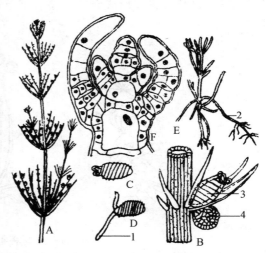

图 20-3　轮藻
A. 植物体　B. 生殖枝　C. 合子　D、E. 合子萌发
F. 茎尖纵切
1、2. 假根　3. 卵囊　4. 精子囊

（二）菌类植物

1. 黑根霉菌　黑根霉菌（*Rhizopus nigricans*）为藻菌纲植物，它分布很广，凡陈腐的食物、腐烂的蔬菜果实上均生长，取培养的新鲜材料自制标本进行观察：①用解剖针在有霉菌的基质上挑取少许带黑颗粒的菌丝于载玻片上，再加蒸馏水少许，加盖玻片。必要时可用番红染色。用低倍镜观察。②在视野中，可见许多匍匐生长的丝状物，即为菌丝；仔细观察菌丝，可见所有菌丝无隔，所以它是单细胞多核的菌丝体。在菌丝体上有些菌丝向下生长伸入基质即为假根。③观察黑根霉菌的带黑色或有黑点的菌丝，在匍匐枝上有垂直向上、不分枝的丝状物叫孢子囊柄，再沿孢子囊柄向上观察可见上部膨大形成圆球形的孢子囊，孢子囊柄伸向孢子囊中形成孢子囊轴。用针挤压成熟的孢子囊，则见有多数黑色的孢子自囊中散出。孢子在适宜的基质上萌发形成新的菌丝。

④观察黑根霉菌的有性接合生殖，首先看到不同的两条菌丝顶端膨大，并且在膨大的后方形成横隔，使先端与原菌丝分开。两个膨大部分进一步伸长互相接触，到一定时候接触处的横壁溶解，两细胞中的所有物质融合，形成合子。合子成熟后则见外被黑色的厚壁，它可以保护合子渡过不良环境。如果环境变好，合子萌发成为不分枝的菌丝，其上形成孢子囊叫胚孢子囊。孢子囊中的孢子母细胞经过减数分裂形成新的孢子。孢子落在基质上萌发形成新的菌丝体（图 20 - 4）。

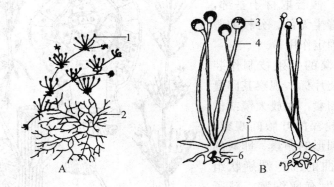

图 20 - 4　黑根霉菌
A. 生长示意图　B. 部分菌丝体
1. 营养菌丝　2. 匍匐菌丝　3. 孢子囊　4. 孢子囊柄　5. 匍匐枝　6. 假根

2. 青霉菌　青霉菌（*Penicillium* sp.）属子囊菌纲，它分布很广，水果腐烂时表面呈蓝绿色茸毛即为青霉菌，取青霉制片进行观察。①先用低倍镜观察，则见菌丝由横隔膜分开成多细胞的丝状体，每一个细胞中只有一核。②观察青霉菌无性繁殖所形成的分生孢子，用高倍镜观察菌丝末端，则见其直立的分生孢子总梗，然后经 2～3 次分枝形成分生孢子小梗。观察分生孢子小梗的顶部形成多个圆球形的分生孢子。这种孢子不产生于分生孢子囊内，所以叫它外生孢子。

3. 蘑菇　取蘑菇（*Agaricus campestris*）标本进行观察。子实体可分成菌柄和菌盖两大部分。菌柄直立，顶部生有菌盖。观察菌盖下部的柄，可以见到生有一圈比较薄的环状结构，叫菌环。菌环的有无与颜色也是伞菌的分类特征之一。观察菌伞的形状与颜色，纵切菌伞，可以看出其上层由一些菌丝构成松软的假组织，下层呈鳃叶状，叫菌褶。取菌褶切片进行观察：在低倍镜下，见菌褶上生有一排小的突起，叫子实层。子实层是由不育的隔丝和能育的担子构成。再换高倍镜观察，可以见到担子的形状为长圆形，顶部生有 4 个小柄，叫担孢子小梗。小梗上各有 1 个担孢子。担孢子成熟后为褐色，孢子落地，可以形成新的菌丝（图 20 - 5）。

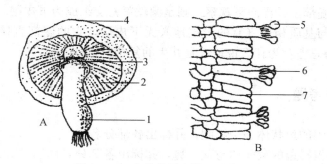

图 20 - 5　伞菌的子实体于子实层

A. 子实体　B. 子实层

1. 菌柄　2. 菌褶　3. 菌环　4. 菌盖　5. 担孢子　6. 担子　7. 隔丝

（三）地衣类植物

1. 分类　取所供地衣标本按形态特征进行如下分类（图 20 - 6）。

（1）壳状地衣。植物体呈壳状紧贴于基质之上，因此采集时必须连同基质一起带回。

（2）叶状地衣。植物体呈叶状，背面有假根与基质相连接。

（3）枝状地衣。植物体呈丝状或枝状，直立丛生或下垂。

2. 同层地衣　取同层地衣切片用显微镜观察。

① 首先观察切片的上方与下方，可以看到由菌丝交织成密集的上皮层与下皮层。② 在上皮层与下皮层之间，可以看到分布着疏松排列的菌丝，菌丝之间混生着绿色的藻类。

3. 异层地衣　取异层地衣切片用显微镜观察。

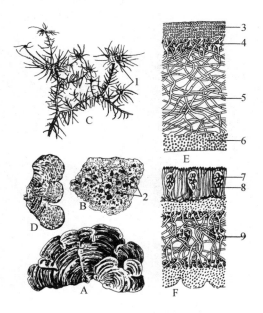

图 20 - 6　地衣的形态

A、D. 壳状地衣　B. 叶状地衣　C. 枝状地衣

1、2. 子囊盘　3. 上皮层　4. 藻胞层　5. 髓层

6. 下皮层　7. 子囊　8. 隔丝　9. 藻类细胞

① 可以看到上皮层同样也是由菌丝紧密交织而成。②观察上皮层的下面，有多数绿色的藻细胞，即藻细胞层。③观察藻层下部，则完全为无色的菌丝交织成地衣的髓部。④再向下观察，则是菌丝紧密交织成为下皮层。下皮层之下有多数突起与基质相连（有的异层地衣无下皮层，它的髓部直接与基质相联系）。观察与思考：为什么说地衣是共生的复合有机体？

五、思考题

1. 绘水绵的丝状体一个细胞，并标出各部分名称。
2. 绘黑根霉菌的菌丝体与孢子囊，并标出各部分名称。
3. 任选观察的一种地衣切片绘其结构图，并标明各结构层。
4. 为什么说地衣是共生的复合有机体？

实验二十一　高等植物

一、实验目的

① 通过观察苔藓类植物、蕨类植物和裸子植物不同种类的形态特征与结构，进而了解它们在植物界进化过程中所处的位置。

② 了解和识别高等植物的常见种类，学习观察和鉴定高等植物的方法。

二、仪器与用品

显微镜、培养皿、载玻片、盖玻片、解剖用具（尖镊子、解剖针、刀片）、纱布、蒸馏水、常用染色液、绘图用具（铅笔、小刀、橡皮、直尺、白纸等）。

三、实验材料

地钱与葫芦藓浸泡标本，地钱精子器与颈卵器切片，葫芦藓精子器与颈卵器切片，水龙骨的蜡叶标本、问荆的蜡叶标本，蕨原叶体装片，蕨孢子囊群切片，雪岭云杉、木贼麻黄的蜡叶标本，雌、雄球果，花粉粒。

四、实验步骤

（一）苔藓类植物

1. 地钱

（1）观察地钱叶状体外形。取新鲜地钱（*Marchantia polymorpha* L.）或浸制标本（图 21-1），用放大镜观察，所见的绿色植物体，即地钱配子体。叶片状扁平，多回二叉状分枝，前端凹处为生长点，背面绿色，生有胞芽杯，腹面灰绿色，有紫色鳞片和假根。地钱雌雄异株，雌配子体分叉处产生雌托。雌托是由托柄、托盘组成，托盘为一个多裂的星状体。雄配子体分叉处产生雄托，雄托的托盘呈盘状，边缘有缺刻。

（2）观察地钱雌器托纵切永久制片。在低倍物镜下观察可见在托盘背面有 8～10 条指状芒线，在芒线之间倒挂着几个长颈瓶状的颈卵器。用高倍物镜观察颈卵器结构，可分颈、腹和短柄。颈部外面围以一层颈壁细胞，其内有一列颈沟细胞；腹部围以腹壁细胞，其内有两个细胞，上面的一个是卵细胞，下面的一个是腹沟细胞。成熟颈卵器内的颈沟细胞和腹沟细胞均已解体。

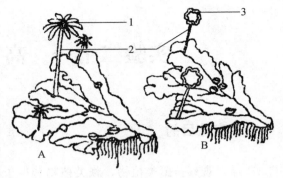

图 21-1　地钱配子体

A. 雌配子体　B. 雄配子体

1. 雌托　2. 雌托柄、雄托柄　3. 雄托

（3）观察地钱雄器托纵切永久制片。可见在托盘上陷生着许多精子器腔及其开口，每个腔内有一个基部具短柄椭圆形的精子器，其内有多数精原细胞，由此产生多数精子。

2. 葫芦藓

（1）观察葫芦藓配子体（植物体）和孢子体。取葫芦藓（*Funaria hygrometrica* Hedw.）植株（图 21-2），用放大镜观察，植株矮小，长 1～3 cm，直立，有茎、叶分化。茎单一或有稀疏分枝，基部生有假根。叶长舌形，螺旋状排列在茎上。雌雄同株不同枝。雄器苞在雄枝顶端，其外面苞叶较大而外张，形似一朵小花，内含很多精子器和隔丝。用解剖针和镊子剥去外面苞叶，即可看到黄褐色棒状精子器。雌器苞在雌枝顶端，其外苞叶较窄，而互相向中央包紧，似一个顶芽，其中有数个直立的颈卵器和隔丝。用同样方法可看到瓶状颈卵器。

再取葫芦藓配子体上寄生的孢子体用放大镜观察，可见葫芦藓孢子体由孢蒴、蒴柄和基足 3 部分组成。蒴柄细长，上部弯曲。孢蒴梨形，内面产生孢子。当孢蒴顶出颈卵器之外时，被撕裂的颈卵器部分附着在孢蒴外面，从而形成兜形具有长喙的蒴帽（颈卵器残余）。基足插生于配子体内。

（2）观察葫芦藓有性生殖器官。取葫芦藓雌枝、雄枝顶端纵切片观察。可见在雌枝顶端上有数个具柄的瓶状颈卵器，颈卵器外有一层细胞组成的颈卵器壁，颈部较长，内有颈沟细胞，下部为膨大的腹部，内有一个卵细胞。颈卵器之间有隔丝。颈卵器和隔丝外为雌苞叶。

观察雄枝顶端的纵切片，可见着生有椭圆形基部具小柄的精子器。精子器外有一层细胞组成的精子器壁，内有精子。精子器之间有隔丝，其外有雄苞叶。

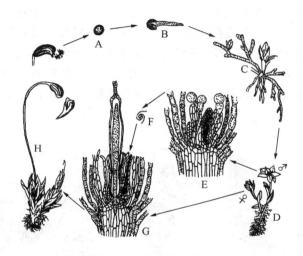

图 21-2　葫芦藓的生活史

A. 孢子　B. 孢子萌发　C. 具芽的原丝体　D. 成熟的植物体具有雌雄配子体
E. 雄器托的纵切面　F. 精子　G. 雌器托的纵切面隔丝
H. 成熟的孢子体仍着生在配子体上，孢蒴的蒴盖脱落后，孢子散发出蒴外

（二）蕨类植物

1. 水龙骨

（1）取水龙骨蜡叶标本观察。这是水龙骨〔*Polypodiodes niponica*（Mett.）Ching〕的孢子体。①观察根状茎，其上密被褐色鳞片，生有羽状裂叶，还生有许多小根。②仔细观察叶片的背面，在裂片上可以见两排黄色或棕褐色的圆形小堆，它就是孢子囊群。注意观察孢子囊群的形状和在叶上排列的特点。③取有孢子囊群的蕨叶横切片，用低倍显微镜观察，在其下表皮有部分细胞向外突起，并向周围延伸形似伞状，叫孢子囊群盖。中间的主轴叫孢子囊群轴。主轴的基部，叫胎座。胎座上着生多数孢子囊。④另取准备好的孢子叶，在背部孢子囊群上，用镊子挑取少许孢子囊于载玻片上，再用低倍显微镜观察，可以看到水龙骨的孢子囊为扁的椭圆形。孢子囊壁大部分为薄壁细胞，但在囊壁背部有 2/3 的部分为厚壁细胞所包围，叫环带。环带的下部有一细小的孢子囊柄，它着生于囊群的胎座上。在环带的对侧为薄壁细胞，叫唇细胞。孢子成熟时环带细胞收缩唇细胞裂开，散出孢子。观察成熟的孢子为肾形，黄色或黄

褐色。

（2）取真蕨原叶体（配子体）切片用低倍显微镜观察。①首先看到其原叶体为心脏形，原叶体的大部分只有一层薄壁细胞，只有中部增厚成多层细胞。在原叶体的背面生有许多假根，以它固定于基质上。②仔细观察假根附近靠近原叶体凹陷处，生有多个乳头状的颈卵器，再用高倍镜观察，则见颈卵器的壁是单层的，而且颈沟细胞较少，腹部膨大，内有一个大的卵细胞和一个腹沟细胞。③观察原叶体的顶部（有时位置有变化），分布有椭圆形的精子器，其壁也是单层细胞构成，形成螺旋状，带有鞭毛的精子。精子与卵结合成为合子（图21-3）。

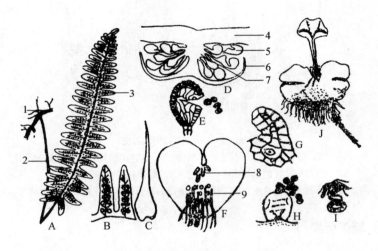

图21-3 水龙骨的生活史

A. 成熟的孢子体 B. 放大的叶的裂片 C. 根状茎上的鳞片 D. 孢子囊群的横切

E. 放大孢子囊与孢子 F. 成熟的配子体——原叶体 G. 放大的颈卵器

H. 放大的精子器 I. 精子 J. 幼苗

1. 根茎 2. 叶柄 3. 叶片 4. 叶 5. 胎座

6. 孢子囊 7. 囊群盖 8. 颈卵器 9. 精子器

2. 问荆 取问荆（*Equisetum arvense* L.）蜡叶标本观察，营养枝绿色，直立，有分枝，茎和枝的节上都有退化的鳞片叶，节间中空。问荆的生殖枝褐色，茎直立不分枝，茎顶端着生孢子叶球，其上密生有轮状排列的孢子囊叶。

3. 木贼 取木贼（*Equisetum hyemale* L.）蜡叶标本观察，茎直立不分枝、绿色，有明显的节与节间，节上生有轮生的鳞片叶，夏季由茎顶生出孢子囊穗，孢子囊叶盾形，密生于孢子囊穗轴上。

（三）裸子植物

1. 雪岭云杉

① 取雪岭云杉（*Picea schrenkiana* Fisch. et Mey.）蜡叶标本进行观察，枝条呈淡黄色，枝上螺旋状排列多数突起叫叶枕，针叶单生于叶枕之上。

② 进一步观察针叶呈四棱形，先端尖锐而硬，气孔沿叶的四面呈行排列，形成 4 条气孔带。

③ 观察雌球花，它生于枝条的顶端（应注意球花的形状与大小）。雌球花为红褐色。纵切球花，可以看到中间有一主轴，大孢子叶球由成对的鳞片螺旋状排列于主轴上。观察鳞片，由两片组成，在腹面（上方）的一个鳞片较大，叫珠鳞（孢子叶）；它呈三角形，较肥厚，珠鳞腹面基部生有 2 个深颜色的突起，为 2 个胚珠。观察珠鳞背面的基部，着生着一个很小的鳞片，它近圆形，叫苞鳞。

④ 观察雄球花，它生于叶腋之间，应注意观察其大小与形状。雄球花为黄色，中间也有一主轴，叫雄花轴，上面螺旋状排列着小孢子叶，但无苞鳞。取小孢子叶一片，用放大镜观察，则见其背面生有 2 个小孢子囊（花粉囊），其中产生多数花粉粒。取其花粉粒少许，放于载玻片上，用低倍显微镜观察，可以看到花粉粒呈椭圆形，花粉粒两侧各生有一个囊状物，其中充满空气，叫气囊（亦叫翅），借风媒传粉（图 21-4）。

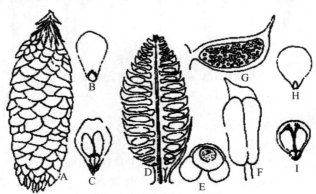

图 21-4　松属和云杉属

松属：A. 雌孢子叶球　B. 珠鳞背面观　C. 珠鳞腹面观　D. 雄孢子叶球纵切　E. 花粉粒
F. 雄孢子叶背面观　G. 雄孢子叶纵切
云杉属：H. 珠鳞背面观　I. 珠鳞腹面观

2. 木贼麻黄　木贼麻黄（*Ephedra equisetina* Bge.）为常绿小灌木，分枝很多，取蜡叶标本进行观察：可以看到木贼麻黄的小枝为褐色，幼时被蜡粉而呈灰褐色。叶退化呈膜质鳞片状，对生，叶基联合呈短鞘状，节与鞘常为紫褐色，叶尖为三角形。木贼麻黄为雌雄异株植物，取不同植株观察雄花与雌花的构造，①观察雄株，则见雄球花单生或2～3集生于叶腋之间，用放大镜观察，可以看到在雄花下有一明显的膜质苞片，雄蕊2～8枚，生于苞片腋部，花丝结合，花药分离。②观察雌株，则见雌球花成对生于叶腋，用放大镜观察，可以看出每一雌花具多数苞片，取掉苞片，则见有管状的花被，仔细观察花被，则见花被管中有细的管状物伸出，叫珠被管。花粉由珠被管进入胚珠，胚珠直立。种子成熟后花被肉质化而呈红色浆果状。

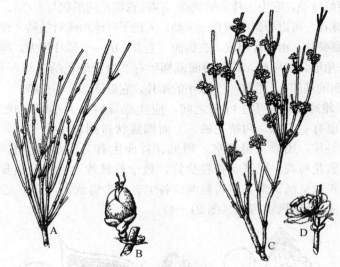

图21-5 麻 黄
A. 雌株 B. 雌球花 C. 雄株 D. 雄球花

五、思考题

1. 绘制水龙骨的孢子体和配子体，并注明各部分的名称。

2. 观察云杉的雄球花，绘制雄孢子叶背面观、花粉粒图，并注明各部分的名称。

3. 观察云杉的雌孢子叶球，绘制珠鳞背面观、腹面观图，并注明各部分的名称。

4. 通过实验对苔藓植物、蕨类植物、裸子植物的世代交替进行总结，看它们的主要区别是什么？各自的特点如何？

实验二十二　茎的形态、叶的形态与叶序

一、实验目的

① 了解被子植物枝条的形态、种类及分枝方式。

② 认识叶子的外形及变化，认识单叶与复叶的区别，了解叶在茎上的排列方式。

二、仪器与用品

体视显微镜、镊子、解剖针、载玻片、刀片、绘图用具（铅笔、小刀、橡皮、直尺、白纸等）、实验指导书等。

三、实验材料

常见木本与草本植物的枝条、制好的叶形标本、各种零散的叶子。

四、实验步骤

（一）茎的形态

1. 枝条形态

① 观察杨树或白蜡枝条，枝上有叶，叶生长处为节，节与节之间的距离为节间；叶落后在枝上所留痕迹为叶痕，叶痕中的小点为叶迹。观察两种树木叶痕形状，叶迹数目是否相同？

② 观察苹果与新疆杨，它们的枝条有两种，一种节间长为长枝，一种节间短为短枝，苹果常在短枝上开花结果，所以也称短枝为果枝。

2. 树冠　树木分枝的总体外观，叫树冠。远处观察杨树、榆树，可以看见离地面不远的一段，有一明确的主干，不发生分枝。这些木本植物叫乔木，它的所有分枝总体为树冠。站在远处观察，区分杨树、柳树、白蜡、复叶槭、苹果等树木，它们的树冠，各有其"风姿"、形状、色泽。观察蔷薇、丁香、

忍冬、榆叶梅，它们多数丛生在一起，没有明显的主干，称灌木。

3. 芽的形态与种类

① 观察杨树枝条，可见其上之芽，有的生于顶端（顶芽），有的生于侧部（侧芽），生于侧部的一定长在叶腋（腋芽）。

② 观察柳树的芽，生于枝条前端肥大一些，生长在下端的要瘦长一些，用刀片将它们纵切，用放大镜看切面，看相同否，肥大芽明年开花故为花芽，瘦长芽明年抽条生叶，故为叶芽。观察苹果之芽，也切开看看，明年芽展开之后，既有花又有叶子，故为混合芽。

③ 观察桃树、紫穗槐、马铃薯，它们的芽在一处不止 1 个，常在上下侧或左右侧有数个芽在一起，但其中总有 1 个大，是主芽，其他几个小的是副芽。

4. 分枝类型与分蘖类型　芽萌发后形成枝条。主干是由哪个部位的芽形成，各种植物是不一样的，因此形成不同的分枝方式。但有的植物分枝不在茎顶，而在茎的基部，称分蘖，分蘖也有几种类型（图 22-1）。

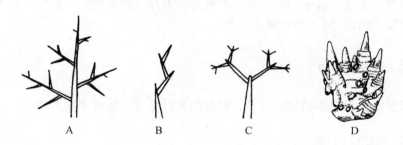

图 22-1　茎的分枝
A. 单轴分枝　B. 合轴分枝　C. 假二叉分枝　D. 分蘖

（1）单轴分枝。观察杨树、白蜡，它们的顶芽形成主干，侧芽形成侧枝，这种分枝为单轴分枝。

（2）合轴分枝。观察柳树、榆树，它们由顶芽形成主枝不久（第二年或第三年）即行枯死，而侧枝之一取而代之形成主干，就是说它们的主干反复由不同的侧枝形成，使其主枝不笔直，这种分枝叫合轴分枝。

（3）假二叉状分枝。这种分枝一定是对生芽所形成，叫假二叉状分枝。观察丁香、忍冬、曼陀罗，它的顶芽夭折或由顶芽形成的枝条不久死亡，侧芽所成侧枝生长势强，像二叉状分枝，所以称假二叉状分枝，是因为顶芽夭折所形成的。

（4）分蘖的类型。①根茎型，地下有长的根状茎，于地下平行于地面生长，于其上发生垂直向上的侧枝，如芦苇。②疏丛型，根茎很短，在地面以上分枝，在外观上分枝疏松，如小麦、水稻。③密丛型，在地面上分枝，在外观上分枝密实，如茇茇草。

（二）叶序

1. 互生叶序　每个节上生 1 片叶，如杨、柳、榆、桃等（图 22-2）。

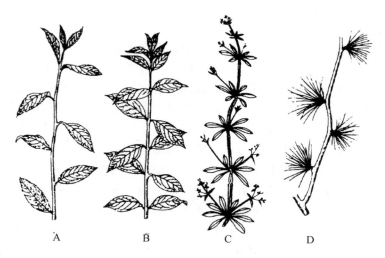

图 22-2　叶　序
A. 互生　B. 对生　C. 轮生　D. 簇生

2. 对生叶序　观察白蜡、复叶槭、丁香等，每个节上生两片叶，且生于两对侧。注意观察上下两对叶之间的夹角。

3. 轮生叶序　观察茜草在每个节上长 3 片或 6 片叶子，这些叶子均匀地分布在茎的周围。

4. 簇生叶序　在每个节上生好多片叶子，但不是生长在茎的周围，而是生长在一起，它实际上是个短枝，如枸杞。

（三）叶的形态

1. 叶的组成部分

① 取山楂带一段枝条的叶子，大的片状体即叶片（片身），下面细处为叶柄，叶柄接连枝条处的两侧有两个小片为托叶，这种叶叫完全叶。如果叶缺乏其中一部分就叫不完全叶。

② 取油菜叶观察，看少些什么部分。

③ 取丁香叶观察，看少些什么部分，

2. 单叶、复叶、簇生叶　初学的人常把一些对生单叶与羽状复叶，以及叶柄转叶面朝向一侧的单叶混同在一起。区别它们的标准是芽的有无，如每个小叶片腋部有一芽即为单叶，如仅总叶柄下有一芽即为复叶。

取丁香、大麻、紫穗槐叶观察，丁香及上面看的油菜，山楂均为单叶，因为它们每叶片腋部均有 1 芽；而大麻、紫穗槐是复叶，因为它在总叶柄下才有 1 芽，每个小叶柄基部并不具芽。

3. 叶形　叶形指单叶叶片或指裂叶的轮廓而言。也用它的概念去形容复叶中小叶的形状，但一定加"小叶"二字，即小叶某某形。

（1）叶形。叶形的区分，主要是根据叶片长宽的比例，叶尖、叶基形状以及叶柄着生位置来区分。取所供给的标本，根据图例确定叶形的名称。

（2）叶尖。仅指叶片尖端的形状，主要根据凸出或凹入的程度，以及凸出部分两侧夹角的程度来决定。取蚕豆、三叶草、补血草、榆叶梅、稠李等植物叶片，根据插图确定它们叶子或小叶的尖端形状名称。

（3）叶基。仅指叶片基部的形状，主要根据凸出或凹入的程度、形状、角度而定。取棉花、大麻、天剑旋花、牛皮消、榆、茄子、苹果等植物的叶，对照插图观察它们叶片或小叶的叶基属于哪种形状。

（4）叶缘。仅指叶片边缘的形状，而且仅限于叶宽的 1/10 或更小范围内的变化（如果大于这范围，那就成了裂叶概念了，将在下面讨论）。取丁香、圆叶锦葵、稠李、大麻、桑、大叶榆等植物的叶，对照插图进行观察，看它们都是哪种叶缘。

4. 裂叶与复叶　复叶与单叶区别了，但全裂叶与复叶的界限也必须区别开。

（1）裂叶。裂叶（图 22-3）从两个方面分析，第一是分裂的程度，第二是分裂方式。按程度有全裂、深裂、浅裂。分裂不及叶宽 1/4 的为浅裂，超过 1/4 但不及 1/2 的为深裂，分裂近 1/2 即达中脉则为全裂。按分裂的方式，有掌状裂和羽状裂。掌状的叶片长宽近相等，羽状的长大于宽。不论是掌状或羽状均有浅裂、深裂和全裂的问题。如果裂片再分裂 1 次或 2 次则称为二回或三回裂叶。

取蓖麻、大麻、五角枫、圆叶锦葵、桑、马铃薯等植物的叶片，给它们确定裂叶名称。

（2）复叶。复叶不同于全裂叶，它的每个小叶有小叶柄，有的甚至有小托叶，全裂叶的裂片无小叶柄。它分为掌状复叶与羽状复叶。复叶如果小叶只有 3 片，称为三出复叶。复叶的小叶如果再成为复叶则称二回复叶，同理还有三

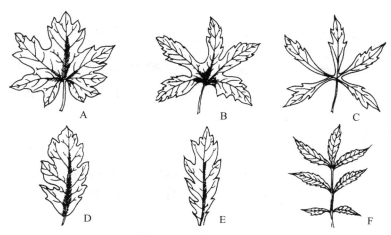

图 22 - 3　裂叶的类型

A. 掌状浅裂　B. 掌状深裂　C. 掌状全裂　D. 羽状浅裂　E. 羽状深裂　F. 羽状全裂

回复叶。

取三叶草、白蜡、大麻、皂荚、紫穗槐等植物的叶片，区分它们都是属于哪种复叶。

5. 叶脉　叶脉（图 22 - 4）根据分枝方式分为两类，即网状脉与平行脉。前者在 1 个或数个主脉上发生若干级分枝，分枝分布如网状，后者侧脉（小脉）彼此平行。

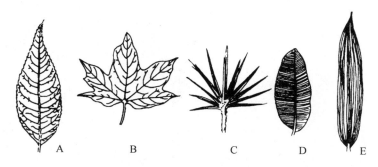

图 22 - 4　叶脉的类型

A. 羽状网脉　B. 掌状网脉　C. 射出平行脉　D. 横出平行脉　E. 直出平行脉

（1）网状脉。网状脉根据主脉的数目还可分为羽状（网）脉、三出脉和掌状网脉，它们的主脉分别为 1 条、3 条和 5 条以上。

（2）平行脉。平行脉还可分为直出平行脉与羽状平行脉。

取萝卜、圆叶锦葵、车前、蓖麻、榆叶梅、小麦、美人蕉等植物叶，判断它们的叶各为什么叶脉。

6. 异叶型　异叶型指一株植物上有 2 种或 3 种不同形状的叶子（这里指大的不同，不是指小的出入）。

异叶型有两种，一种为不同生理年龄的叶子形状不同（生理型异叶型），一种为不同环境叶子不同（生态型异叶型）。取供给的标本进行对比研究。

五、思考题

1. 认真分析所给的标本，依据提示，就实验中的提问做出回答。
2. 自己找 20 种植物的叶子，根据上述提纲，做出描述。

实验二十三　花的形态

一、实验目的

了解花的基本组成部分，了解花冠、雄蕊和雌蕊的类型，为分类学打好基础。

二、仪器与用品

体视显微镜、镊子、解剖针、载玻片、刀片、绘图用具（铅笔、小刀、橡皮、直尺、白纸等）、实验指导书等。

三、实验材料

油菜花、棉花花、南瓜花（雌雄两种）、沙枣花、倒挂金钟花、蔷薇花、田旋花、牵牛花、丁香花、萝卜花、锦鸡儿花、蒲公英花（序）、鼠尾草花、糙苏花、美人蕉花。

四、实验步骤

（一）花的组成部分

1. 完全花
① 取油菜花观察（图 23-1）。

花梗：花下细长的柄状物。

花托：花梗顶端膨大部分，其他花部着生于其上。

花冠：由 4 枚花瓣组成，黄色，每枚花瓣先端宽大部分为瓣片，下部变窄部分为瓣爪。

花萼：由 4 枚萼片组成，在花冠的下面，绿色。

雄蕊：在花冠以内，共 6 枚，其中内轮 4 枚，花丝长，外轮 2 枚花丝短，分别叫长雄蕊与短雄蕊，每枚雄蕊由花丝与花药组成。

雌蕊：1 枚，位于最中央，由柱头、花柱、子房 3 部分组成，子房细长，柱状。

② 取棉花观察。

花梗：观察如前。

花冠：由 5 枚花瓣组成（什么颜色?），花瓣基部稍有合生。

苞片：包在花冠下面的基部，共 3 片，三角形，两侧边缘具条齿状。

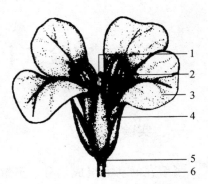

图 23-1　花的形态
1. 雌蕊　2. 雄蕊　3. 花瓣　4. 花萼
5. 花托　6. 花梗

花萼：剥去苞片，在花的基部露出花萼，花萼的萼片联合，数数它上端有几个圆齿。

雄蕊群：雄蕊数目极多，它的花丝互相连成筒状，基部与花冠基部相连。这种花丝连在一起，而花药分离的雄蕊叫单体雄蕊。

雌蕊：在最中央，它的柱头裂片几枚？它的子房为圆形，将子房横切，见子房为 5 室，所以它由 5 枚心皮组成。

上面看的两种花，观察时还要看清雄蕊与花瓣的位置以及与子房的关系，谁长在谁的上面。这两种花不计花梗与花托，由花萼、花冠、雄蕊群与雌蕊群组成，称为完全花。从花被讲，有花萼与花冠，为双被花，从雄蕊、雌蕊讲，二者俱全为两性花。

2. 不完全花　取南瓜的两种花观察，除花被外，一种仅有雄蕊（雄花），把雄蕊横切，可见花药 5 枚，聚生成 3 组。一种仅有雌蕊（雌花），它在花萼下有个疙瘩，就是子房，用刀将子房横切，可见它为（假）三室，在花被内看柱头，也是 3 个，所以它的雌蕊由 3 枚心皮组成。这种花是双被花，单性花，子房下位花。

3. 单被花与无被花　取沙枣花观察，它的花被只有一层为花萼，上面黄色（单被，下位花），观察它的雄蕊长在哪里，几枚，它的雌蕊与花被的生长部位怎样？它的子房是上位？它是单性花还是两性花?

取复叶槭的两种花观察，它们没有花被，所以是无被花，判断怎样才算一朵花，也就是问它一朵花有几枚雄蕊和雌蕊？它不仅是单性花，而且不同性的花分别长在两个植株上，所以叫雌雄异株。南瓜的两种花同在一个植株上所以叫雌雄同株。

（二）花萼的类型

再研究一遍上面看过的花。油菜的花萼分离，是为离萼，而棉花、南瓜、沙枣的花，花萼联合，是为合萼，就合萼确定哪一部分是萼齿，哪一部分是萼筒。

取倒挂金钟花观察，分析哪一部分是花萼，哪一部分是花冠？把沙枣花和它比较，共同的特征是花萼花瓣状。

（三）花冠的类型

根据花冠中花瓣的对称情况、联合程度，可以把花冠分成若干种类型（图 23 - 2）。

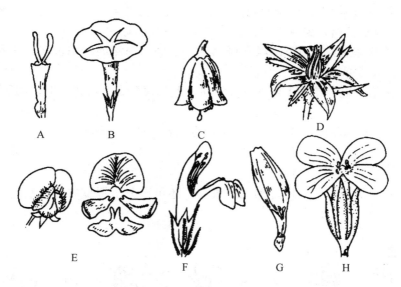

图 23 - 2　花冠的类型
A. 管状花冠　B. 漏斗状花冠　C. 钟状花冠　D. 轮状花冠　E. 蝶形花冠
F. 唇形花冠　G. 舌状花冠　H. 十字形花冠

1. 整齐花（辐射对称花）　花瓣大小形状基本一致，从顶面观可以找出若干个对称面。

（1）蔷薇型花冠。花瓣 5 枚，离生，呈辐状展开。如蔷薇、毛茛、亚麻。

（2）辐状花冠。花瓣联合，花冠筒短，冠檐成辐状展开，如茄子、番茄的花。

（3）钟状花冠。花瓣联合，花冠筒宽短，冠檐开展如钟状，如南瓜、党参的花。

（4）漏斗状花冠。花冠筒成筒状，冠檐展开如漏斗状，如田旋花、牵牛花。

（5）高脚碟状花冠。花冠筒细长，冠檐突然向外平展如高脚碟状，如丁香花。

（6）十字形花冠。花瓣 4 枚，展开成十字形，如油菜花、萝卜花。

（7）管状花冠。花冠的大部分联合成管状或筒状，花冠裂片向上伸展，如向日葵。

2. 不整齐花

（1）两侧对称花。这类花只有 1 个对称面。

① 蝶形花冠：花瓣 5 枚、分离，3 种形式，位于上方的，也是外侧的，长圆形，最大，叫旗瓣；位于两侧的耳状，2 枚，为翼瓣；位于下方、内侧、瓣片联合，瓣爪分离，为龙骨瓣。如锦鸡儿、蚕豆的花。

② 舌状花冠：花冠下部联合成筒状，上部向一侧展开如舌状，如向日葵的缘花、蒲公英的花。

③ 唇形花冠：花冠下部联合成筒状，上部联合成 2 组如唇形，如鼠尾草、糙苏的花。

（2）无对称花。这类花一个对称面也没有，如美人蕉的花。

（四）雄蕊的类型

1. 单体雄蕊　已分析过棉花的雄蕊，还可再分析蜀葵雄蕊，它们都是单体雄蕊（图 23-3）。

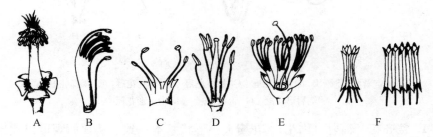

图 23-3　雄蕊的类型

A. 单体雄蕊　B. 二体雄蕊　C. 二强雄蕊　D. 四强雄蕊　E. 多体雄蕊　F. 聚药雄蕊

2. 二体雄蕊　分析锦鸡儿、蚕豆的花，雄蕊共有 10 个，其中有 9 个花丝联合，一个单一，共 2 组。

3. 多体雄蕊　取蓖麻花分析它的雄蕊，看它的花丝联合成几组。还可以分析金丝桃的雄蕊，看分裂成几组。

4. 聚药雄蕊　取盛开的蒲公英的花，拿一舌状花，在舌片基部有"丫"状物即为二裂的柱头，其下有黑色东西，它就是连生在一起的花药，把它用针挑开（就露出花柱），在它的下面有 5 根丝状体，就是花丝。

5. 四强雄蕊　已分析过油菜的雄蕊，还可再看一次，看共几个雄蕊，几长几短？

6. 二强雄蕊　分析糙苏的花，共有几枚雄蕊，几长几短？

（五）雌蕊的类型

1. 单雌蕊　取锦鸡儿、榆叶梅花，分析它们的雌蕊，它们是一花一雌蕊，此雌蕊是一个心皮形成，将子房横切，可见子房 1 室（图 23-4）。

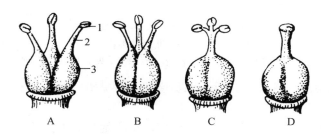

图 23-4　雌蕊的类型
A. 离生单雌蕊　B～D. 不同程度合生的复雌蕊
1. 柱头　2. 花柱　3. 子房

2. 离生雌蕊　取毛茛属、委陵菜属植物的花分析，可见它们均有多数雌蕊，彼此并不联合，每个雌蕊由 1 个心皮形成。

3. 复雌蕊　分析棉花花的雌蕊，它只有一个雌蕊，将子房横切，可见子房 5 室，所以它们由 5 个心皮构成。取苹果花，分析如上，它也是子房 5 室，而花柱 5 枚，所以它也是由 5 枚心皮所组成。取向日葵管状花，它是子房下位，将子房横切，可见一室，但柱头 2 裂，所以它是 2 枚心皮构成。

（六）胎座的类型

胎座（图 23-5）就是子房中胚珠着生的地方，也是果实中种子着生的地方。若子房太小，改看果实。

1. 中轴胎座　观察棉花、马蔺的果实，把它们横切，并从中央纵切，可见各心皮腹缝线于中央结合成一柱状的中轴，种子着生其上。

2. 侧膜胎座　取黄瓜、油菜果实，从中横切，可见种子着生在心皮与心皮结合的地方，即位于子房的侧边成若干行。

3. 中央特立胎座　取辣椒的果实，将其果皮的上半截剥掉，可见子房室中有 1 个不与四周及顶部接触的轴，种子着生于其上。

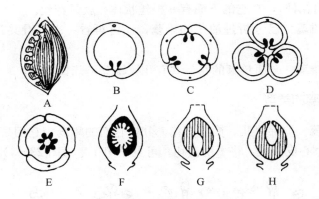

图 23-5 胎座的类型

A、B. 边缘胎座 C. 侧膜胎座 D. 中轴胎座 E、F. 特立中央胎座 G. 基生胎座 H. 顶生胎座

4. 边缘胎座 取大豆、芍药果实横切，可见沿一侧边，有 1 列种子，这类胎座限于单心皮所成的雌蕊。

5. 基生胎座 取向日葵或桃子果核，小心地把它们纵剖，可见种子生于子房室底部。

6. 顶生胎座 取舟果荠的果实，小心地剖开，可见种子生在子房室的顶部。

五、思考题

找 20 种植物的花，按实验所述项目检查。

实验二十四　花序及果实的类型

一、实验目的

① 了解被子植物的花序类型，比较各种花序的异同点。
② 了解果实的结构，识别果实的主要类型。

二、仪器与用品

体视显微镜、镊子、解剖针、载玻片、刀片等。

三、实验步骤

（一）花序的类型

花序是许多花按一定的方式排列于花枝上。花序按开花顺序可分为无限花序和有限花序两大类。根据花梗的有无、花序轴的长短及分枝与否、花序轴形状等主要特征每一类再分为多种类型。

取各种植物的花序标本，对照图解识别花序的类型，了解各种花序的特征。

1. 无限花序　无限花序（图 24 - 1）属于总状类分枝。开花顺序为自下而上，即花序下部的花先开，上部的花后开；或花序边缘的花先开，中央的花后开。

（1）总状花序。取油菜、荠菜花序观察，它与穗状花序不同，每个花均具花梗，且长短大致相等。

多个总状花序聚集在一起，就形成复总状花序（圆锥花序），如珍珠梅、玉米的雄花序。

（2）穗状花序。观察紫穗槐、车前的花序，总花梗上生许多无小花梗的花，下部的花先开，上部的花后开。

观察小麦花序，它是由许多穗状花序组成，每个穗状花序并无柄，所以是复穗状花序。

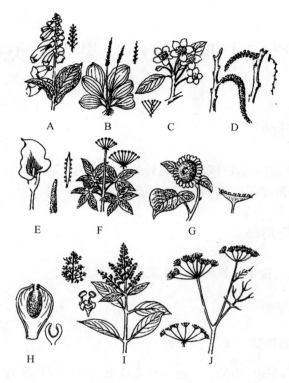

图 24 - 1 无限花序

A. 总状花序 B. 穗状花序 C. 伞房花序 D. 柔荑花序 E. 肉穗花序 F. 伞形花序
G. 头状花序 H. 隐头花序 I. 圆锥花序 J. 复伞形花序

（3）肉穗花序。取玉米的雌花序观察，它的花序轴肉质化，上面着生了许多无柄的花。

（4）柔荑花序。看杨树花序，它像穗状花序。但是它的花序轴柔软下垂，花单性，开花后整个花序一起脱落。

（5）伞形花序。取韭菜或大葱的花序观察，可见其花轴缩短，顶端集生多花柄近等长的花并向四周放射排列，全形如张开的伞。

再取芹菜、胡萝卜的花序观察，它们是几个分枝长短相近的伞形花序集生于花序轴顶端，为复伞形花序。

（6）伞房花序。取山楂、绣线菊等植物的花序观察，可见其花序与总状花序相似，但花轴下部的花柄变长，上部的花柄依次变短，整个花序的花几乎排列在一个平面上。

（7）头状花序。取向日葵、蒲公英的花序进行观察，可见其花序轴顶端缩短膨大成头状或盘状，其上着生很多无柄的小花，周围有一圈或数圈总苞片。

（8）隐头花序。取无花果花序，其状如头，可见其花序轴的顶端肉质膨大而内陷，许多无柄的花着生在内陷的花轴壁上。

2. 有限花序 有限花序（图24-2）轴分枝为合轴式，也就是它们的开花顺序为自上而下，即由花序上部的花先开，下部的花后开；或由花序中央的花先开，边缘的花后开。

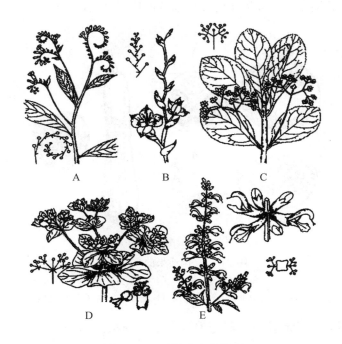

图24-2 无限花序的类型
A. 螺旋状聚伞花序 B. 蝎尾状聚伞花序 C. 二歧聚伞花序 D. 多歧聚伞花序 E. 轮伞花序

（1）单歧聚伞花序。取聚合草、鹤虱、鸢尾的花序观察，盛开之花在顶端，而未开之花在其下，但是聚合草与鹤虱，后开之花（花蕾）出自同侧，习惯上叫它们卷伞花序或镰状聚伞花序，而鸢尾则后开之花自两侧交互出现，叫它为蝎尾状聚伞花序。

（2）二歧聚伞花序。观察王不留行的花序，很像假二叉状分枝，顶花之下，两侧同时分枝出花，且多次重复。

（3）多歧聚伞花序。取大戟花序观察，它不同于二歧聚伞花序，顶花之下不仅具二花，而是在顶花之下，四周同时出花，排成轮状。

（4）轮伞花序。取糙苏、益母草的花序观察，其聚伞花序着生于叶的叶腋处成轮状排列。

（二）果实的类型

1. 单果　由一朵花的单雌蕊或复雌蕊的子房发育形成的果实。根据果皮及其附属物的质地不同，单果可分为肉质果和干果两类，每类再分为若干类型。

（1）肉质果。果皮或果实的其他部分肉质多汁（图 24-3）。

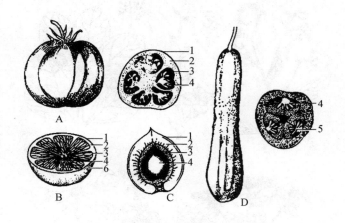

图 24-3　肉质果的主要类型

A. 浆果　B. 柑果　C. 核果　D. 瓠果

1. 外果皮　2. 中果皮　3. 内果皮　4. 种子　5. 胎座　6. 肉质毛囊

① 浆果：由单雌蕊或复雌蕊发育而成，外果皮多为膜质，中、内果皮均为肉质多汁。

② 核果：由单雌蕊或复雌蕊发育而成，外果皮薄，中果皮肉质肥厚，内果皮坚硬形成"核壳"，包围在 1 粒种子外面，形成果核。

③ 柑果：由复雌蕊具中轴胎座的多室子房发育而成，外果皮革质、有油囊，中果皮疏松、有维管束，内果皮膜质、分隔成瓣，在内果皮内表面生有许多肉质多汁的毛囊。

④ 瓠果：由 3 心皮 1 室的下位子房发育而成的假果，花托和外果皮组成坚硬的果壁，中、内果皮及胎座均肉质化。

⑤ 梨果：由花托和具中轴胎座的子房共同参与发育而成的假果，花托形成的果壁肉质发达，占大部分，外、中果皮肉质化，不甚发达，内果皮纸质或

革质。

（2）干果。成熟时果皮干燥，又分果皮开裂的裂果和果皮不开裂的闭果两类（图 24-4）。

裂果

①菁葵果：由单雌蕊或离生多雌蕊发育而成，成熟时沿背缝线或腹缝线一边开裂。

②荚果：由单雌蕊的子房发育而成，成熟后果皮沿背缝线和腹缝线两边开裂，少数不开裂而成节荚。

③角果：由 2 心皮的复雌蕊子房发育而成，成熟时沿两条腹缝线开裂成两瓣，两瓣之间有假隔膜。有长角果和短角果两种。

④蒴果：由复雌蕊子房发育而成，成熟时以各种方式开裂。

闭果

①瘦果：果实细小，内含 1 粒种子，果皮与种皮易分离。

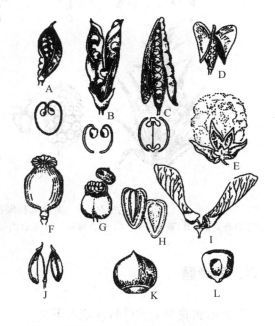

图 24-4　干果的主要类型
A. 菁葵果　B. 荚果　C. 长角果　D. 短角果
E. 背裂蒴果　F. 孔裂蒴果　G. 盖裂蒴果　H. 瘦果
I. 翅果　J. 双悬果　K. 坚果　L. 颖果

②翅果：果皮延伸成翅状。

③双悬果：由子房下位的 2 心皮复雌蕊发育而成，果实成熟后心皮之间彼此分离，由心皮柄将两个分离的果实悬挂于果柄上。

④坚果：果皮坚硬，内含 1 粒种子。

⑤颖果：果实细小，内含 1 粒种子，果皮与种皮愈合不易分离。

⑥分果：由复雌蕊具中轴胎座的子房发育而成，成熟后各心皮沿中轴分离，但各心皮不开裂，各含 1 粒种子。

2. 聚合果　由一朵花的离生心皮雌蕊群发育而成，许多小果集中着生在膨大的花托上。根据小果的果皮质地不同而有不同的类型（图 24-5）。

3. 聚花果（又称复果）　由整个花序发育而成的果实（图 24-5）。

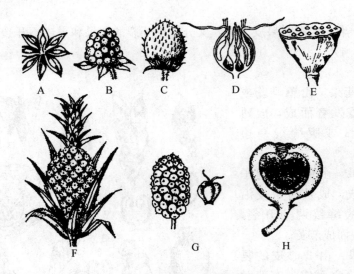

图 24-5 聚合果和聚花果

A. 聚合蓇葖果　B. 聚合核果　C. 聚合瘦果　D. 聚合肉质瘦果　E. 聚合坚果　F～H. 聚花果

四、思考题

将下列植物花和果实的特征填入下表

植物名称	花序类型	花冠类型	雄蕊类型	雌蕊类型	子房类型	果实类型
小麦						
油菜						
大葱						
苹果						
桃子						
向日葵						
牵牛花						
蜀葵						
苦豆子						
糙苏						

实验二十五　蓼科（Polygonaceae）、藜科（Chenopodiaceae）、石竹科（Caryophyllaceae）

一、实验目的

① 熟悉和掌握蓼科、藜科、石竹科的专用术语，利用检索表鉴定和认识各科植物。

② 通过对蓼科、藜科、石竹科常见植物的观察、认识，掌握各科的主要特征。

二、仪器与用品

体视显微镜、镊子、解剖针、载玻片、刀片、检索表等。

三、实验步骤

Ⅰ　蓼科（Polygonaceae）

（一）实验材料

酸模属（*Rumex* L.）、蓼属（*Polygonum* L.）、荞麦属（*Fagopyrum* Mill.）、木蓼属（*Atraphaxis* L.）、沙拐枣属（*Calligonum* L.）等属植物标本各1种以及供鉴定用浸湿的花和果实。

（二）蓼科的主要特征

1. 珠芽蓼　取珠芽蓼（*Polygonum viviparum* L.）蜡叶标本进行观察，可见下部具肥厚的根状茎，是多年生草本；地上茎直立，不分枝，通常2～3个枝条生于根状茎上，茎节膨大；单叶互生，在叶柄的基部有褐黄色膜质的托叶鞘包于茎上；总状花序呈穗状，顶生，在花序的中下部常常生有绿色的珠芽（是种子在植株上萌发形成的珠芽），珠芽蓼即由此得名。

从浸湿的花序中取一朵小花，置于解剖镜下由外向内观察：单被花，两性；花被 5 枚，白色或淡红色；雄蕊通常 8 枚，但是有时因雄蕊的花药脱落而不易被观察到，这时则要注意看花被片内侧的花丝，它可以说明雄蕊的数目；雌蕊位于花的中心，子房上位，用解剖针轻轻拨动花柱，可清楚地看到 3 个花柱；瘦果三棱形。

2. 荞麦 取荞麦（*Fagopyrum esculentum* Moench.）（图 25-1）蜡叶标本进行观察，荞麦是一年生栽培植物。单叶互生，茎节膨大，叶片心状箭形，在叶柄的基部可看到膜质鞘状的托叶鞘；花小，组成总状或伞房花序，顶生或腋生。

图 25-1 荞麦（*Fagopyrum esculentum* Moench.）
A. 花枝的部分 B. 花 C. 花的纵切 D. 雌蕊
E. 花图式 F. 瘦果

取一朵浸湿的花置于解剖镜下由外向内观察。花被 5 枚，紫红色至白色；雄蕊 8 枚，排成两轮，外轮 5 枚，仔细观察花丝的基部，可以发现其中 4 枚两两接近，这是由于两枚雄蕊分叉的结果。而内轮只有 3 枚雄蕊；在花丝的基部还可以看到杯状膨大的蜜腺（所以荞麦是一种良好的蜜源植物）；在花的最中心是雌蕊，它是由 3 个心皮形成的，子房三棱形，柱头头状；瘦果黑色，三棱形，在结果时花被仍然保存，但不增大。

3. 利用检索表鉴定所给植物的名称

蓼科常见植物分属检索表

1. 一年生或多年生草本。
   2. 果实有翅。
      3. 花被片 4，花柱 2；果实两侧扁平，边缘具翅 ⋯⋯⋯⋯ 1. 山蓼属 *Oxyria* Hill.
      3. 花被片 6，花柱 3；果实具 3 棱，沿棱具翅 ⋯⋯⋯⋯⋯ 2. 大黄属 *Rheum* L.
   2. 果实无翅。
      4. 花被片 3，雄蕊 3 ⋯⋯⋯⋯⋯⋯⋯⋯⋯⋯⋯⋯ 3. 冰岛蓼属 *Koenigia* L.
      4. 花被片 (4) 5～6，雄蕊 6～8，稀较少。
         5. 花被片 6，内轮 3 片果时增大 ⋯⋯⋯⋯⋯⋯ 4. 酸模属 *Rumex* L.
         5. 花被 5，深裂，果期通常增大。
            6. 花被 5 裂，果期不增大；果实长于花被
            1～2 倍 ⋯⋯⋯⋯⋯⋯⋯⋯⋯⋯⋯⋯⋯ 5. 荞麦属 *Fagopyrum* L.
            6. 花被 5 裂，少 4 裂，果期通常不增大，果实与花被近等长或稍长 ⋯⋯⋯⋯
            ⋯⋯⋯⋯⋯⋯⋯⋯⋯⋯⋯⋯⋯⋯⋯⋯⋯ 6. 蓼属 *Polygonum* L.
1. 灌木或半灌木。
   7. 叶不明显，通常退化成鳞片状；瘦果具 4 条肋状突起，有刺毛或翅，有时有膜质
      囊苞 ⋯⋯⋯⋯⋯⋯⋯⋯⋯⋯⋯⋯⋯⋯⋯⋯ 7. 沙拐枣属 *Calligonum* L.
   7. 叶明显；瘦果两侧扁平或三棱，无刺毛或翅。
      8. 花被片果期不增大 ⋯⋯⋯⋯⋯⋯⋯⋯⋯⋯⋯ 6. 蓼属 *Polygonum* L.
      8. 花被片果期增大 ⋯⋯⋯⋯⋯⋯⋯⋯⋯⋯⋯ 8. 木蓼属 *Atraphaxis* L.

Ⅱ 藜科 （Chenopodiaceae）

（一）实验材料

甜菜属 （*Beta* L.）、藜属 （*Chenopodium* L.）、猪毛菜属 （*Salsola* L.）、滨藜属 （*Atriplex* L.）、地肤属 （*Kochia* Roth.）、绒藜属 （*Londesia* Fisch. et Mey.）、碱蓬属 （*Suaeda* Forsk）、盐生草属 （*Halogeton* C. A. Mey.）、假木贼属 （*Anabasis* L.）、梭梭属 （*Haloxylon* Bunge.）等属植物标本各 1 种以及供鉴定用浸湿的花和果实。

（二）藜科形态术语

1. 胚环形 剥开种皮以后，在种子的外圈可以看到一条环形的胚，环形胚的中间是胚乳。

2. 胚半环形或马蹄形 胚半环形与胚环形相似，不同的是，在种子外圈的条形胚只有环形胚的 2/3 左右，胚的两端并不接近，而是有一定的距离。

3. 胚螺旋形 剥开种皮以后，可以看到长条形的胚呈螺旋状卷曲，将胚乳分割成 2 块或无胚乳，而由螺旋状的胚充满整个种子（图 25 - 2）。

图 25 - 2 藜科的果实与胚
A. 胞果 B. 示种子直立，螺旋形 C. 示种子横生，螺旋形

4. 种子横生 胚对于花轴呈横向卷曲。

5. 种子直立 胚对于花轴呈纵向卷曲。

（三）藜科的主要特征

1. 甜菜属 甜菜（*Beta vulgaris* L.）（图 25 - 3）的根和叶可以食用或饲用，它有很多变种，如糖用甜菜、饲用甜菜和彩叶甜菜等。甜菜是二年生草本植物，第一年由缩短的根茎头生出一大丛叶，叶柄长，叶片卵圆形，叶面皱缩，光滑，叶脉粗壮向下凸出，根为肥大肉质的圆锥根，内含大量糖分，第二年春由短缩的根茎头上抽出花茎，茎生叶小；花小，绿色，花下各具 1 枚小苞片，2～3 朵花密集成丛，形成圆锥状花序；从浸湿的花序中取一朵小花置于解剖镜下观察，可以看到花被片 5，基部联合，背部龙骨状，末端向内弯曲，结果时宿存；将花被剥开，可以看到 5 枚雄蕊，与花被片对生，这时要注意观察才能看到花丝是着生于隆起的蜜腺状花盘上；雌蕊位于花的中央，由 3 个心皮结合而成，子房陷于花盘内成半下位状，1 室 1 胚珠；胞果由于花被基部木质化而形成表面不规则的坚果状，通常

图 25 - 3 甜菜（*Beta vulgaris* L.）
A. 根 B. 花枝 C. 花簇 D. 花的正面观

由 3 个果实基部联合成聚花果，叫做种球，若将种子剥开就看到一个环形的胚，种子直立。

2. 灰藜 灰藜（*Chenopodium album* L.）（图 25-4）是一种分布很广的杂草，是一年生草本植物，茎具沟槽或纵的条纹；单叶互生，上面绿色，下面灰白色，用放大镜观察，可以看到很多白色粉粒；灰藜的花聚集成圆锥花序，取浸湿的一部分花序，置于解剖镜下研究，可以发现它是由非常小的花组成，在分析个别的花时，可以看到它是单被花，花被片 5，基部稍联合，边缘白色膜质，将花被剥开，在花被片以内可以看到 5 枚雄蕊，与花被片对生，有时也常常因为花药已脱落而不易发砚，这时可以仔细观察它存留的花丝数目和位置；雌蕊位于花的中心，非常明显，子房上位，柱头 2 裂；另从浸湿的花序下部取一朵较老的花，置于解剖镜下观察，在宿存的花被片内包被着胞果，果皮很薄，

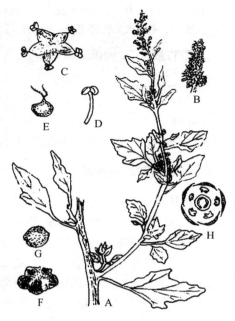

图 25-4 灰藜（*Chenopodium album* L.）
A. 植株上部 B. 花序 C. 花 D. 雄蕊
E. 雌蕊 F. 胞果 G. 种子 H. 花图式

用解剖针剥去白膜质的果皮，就露出黑色而光亮的种子；在种子的侧面隐约可见环形隆起的胚，种子直立，若用解剖针剥去坚硬的种皮（这是比较困难的）就能更清晰地看到环形的胚。

3. 沙刺蓬 沙刺蓬（*Salsola ruthenica* Iljin）是荒漠地区常见的野生牧草，是一年生草本植物；单叶互生，叶片半圆柱形或圆柱形，顶端具刺尖；在叶腋着生 1 至数朵无梗小花（很不明显），顶生者形成穗状花序，我们从浸湿的花序中取一少部分花枝，置于解剖镜下观察，花下具苞片和小苞片；分析一朵花。可以看到它是单被花，花被片 5，果时自背面中部向外突出并延伸成翅，但在花期是看不到的，有时仅能看到一少部分淡紫色的突起；剥开花被片就可以看到 5 枚与花被片对生的雄蕊，有时因雄蕊的花药已脱落，而仅能看到 5 条白色的花丝；雌蕊比较明显，位于花的中心，子房上位，柱头 2 裂；另取果期的标本观察，可以明显地看到在叶腋着生 1 至数枚淡紫红色的、鲜艳而似花的胞果；分析 1 个胞果，可以明显地看到，在它的外面具有 5 片由花被片向外突

出并延伸而成的、淡紫色的膜质翅，其中 3 个翅大，2 个翅小，在果翅的中心可以看到 5 个花被片；用解剖针将花被片连同果翅剥开，可以看到子房（这时已发育成果实），并在子房上隐约可见种子横生，胚螺旋形，如果再将子房壁和种皮剥开，螺旋状的胚就更加清晰可见了。

Ⅲ 石竹科 （Caryophyllaceae）

（一）实验材料

卷耳属（*Cerastium* L.）、繁缕属（*Stellaria* L.）、蝇子草属（*Silene* L.）、石竹属（*Dianthus* L.）等属植物标本各 1 种以及供鉴定用浸湿的花和果实。

（二）石竹科的主要特征

1. 卷耳属 镰刀叶卷耳（*Cerastium falcatum* Bge.）是校园内常见的一种杂草，多年生草本，茎节常膨大，单叶对生。6 月初开花，花白色，注意观察它们的花序为二歧聚伞花序，取一朵在解剖镜下观察，可以看到花萼是由 5 个萼片构成；花瓣与萼片同数而互生，全缘（卷耳属有一些种的花瓣浅裂达 1/3）；雄蕊 10 枚；雌蕊由 5 个心皮联合而成，花柱 5，子房上位，将子房横切后可看到子房 1 室，特立中央胎座；果实为蒴果，成熟后顶端齿裂。

2. 本科常见植物 本科植物种类较多，常见有下列几属，注意观察它们的主要特征。

（1）石竹属（*Dianthus* L.）。花萼联合，萼外无棱肋，花瓣具爪，花柱 2，蒴果 1 室（图 25-5）。

（2）繁缕属（*Stellaria* L.）。花萼离生，花瓣无爪，顶端二深裂几达基部，花柱 3，稀 2。

图 25-5 石竹（*Dianthus chinenesis* L.）
A. 植株上部 B. 花瓣
C. 带有花萼及苞片的果实 D. 种子

3. 利用检索表鉴定所给植物的名称

石竹科常见植物检索表

1. 萼片分离，少基部联合，花瓣近无爪，少无花瓣，雄蕊周位生。

2. 蒴果果瓣顶端多少 2 裂。

　　3. 花柱 3～5；花瓣全缘或微缺 ……………………………… 1. 卷耳属 Cerastium L.

　　3. 花柱 2 …………………………………………………… 2. 繁缕属 Stellaria L.

2. 蒴果果瓣顶端不 2 裂 …………………………………… 3. 漆姑草属 Sagina L.

1. 萼片联合，花瓣具爪，雄蕊下位生；果为蒴果或浆果。

　　4. 花萼外有肋棱；果实 1 室或不完全的 2～3 室 …………… 4. 蝇子草属 Silene L.

　　4. 花萼外有肋棱；果实 1 室，果实为蒴果 ………………… 5. 石竹属 Dianthus L.

四、思考题

　　1. 通过对蓼科、藜科、石竹科代表植物的观察和研究，概括出各科的主要特征。

　　2. 写出你所鉴定的植物属名以及这些植物的主要特征。

　　3. 选择 3 个科的 5 种植物编写出检索表。

实验二十六　毛茛科（Ranunculaceae）、十字花科（Cruciferae）、牻牛儿苗科（Geraniaceae）

一、实验目的

① 熟悉和掌握毛茛科、十字花科、牻牛儿苗科的专用术语，利用检索表鉴定和认识各科植物。

② 通过对毛茛科、十字花科、牻牛儿苗科常见植物的观察、认识，掌握各科的主要特征。

二、仪器与用品

体视显微镜、镊子、解剖针、载玻片、刀片、检索表等。

三、实验步骤

I 毛茛科（Ranunculaceae）

（一）实验材料

毛茛属（*Ranunculus* L.）、碱毛茛属（*Halerpestes* Greene）、乌头属（*Aconitum* L.）、翠雀属（*Delphinium* L.）、金莲花属（*Trollius* L.）、铁线莲属（*Clematis* L.）、唐松草属（*Thalictrum* L.）白头翁属（*Pulsatilla* Adans.）等属植物标本各1种以及供鉴定用浸湿的花和果实。

（二）毛茛科的主要特征

1. 毛茛　毛茛（*Ranunculus japonicus* Thunb.）（图26-1）是新疆常见的有毒植物。多年生草本，被伸展的柔毛；基生叶和茎下部叶有长柄；叶片三深裂，中裂片三浅裂，疏生锯齿，侧生裂片不等的2裂；茎中部叶片具短柄，上部叶片无柄，3深裂。花序具数朵花，花径达2 cm，取一朵花在解剖镜下分析，可见花萼淡绿色，由5个萼片构成；花冠黄色，由5个花瓣组成，用镊子取一个花瓣置于解剖镜下观察，在它腹面的基部有一深色的小突起，这是蜜腺，也叫做蜜槽；在花冠内有多数雄蕊和多数雌蕊，用镊子将雄蕊拔掉，注意观察雌雄蕊螺旋状排列在突出的棒状花托上。聚合瘦果圆球形，如果瘦果脱落后，其棒状花托就显露可见了。

图26-1　毛茛（*Ranunculus japonicus* Thunb.）
A. 植株　B. 萼片　C. 花瓣　D. 花图式
E. 雌蕊　F. 果实

2. 本科常见植物　本科植物种类较多，常见下列几属，注意观察它们的主要特征。

（1）乌头属（*Aconitum* L.）。本属是山区草场上常见的有毒植物。多年生草本。花序总状或圆锥状；花两侧对称，紫色或黄色；萼片5枚，花瓣状，上面一片呈盔状；花瓣2～5枚，多退化成距状蜜叶，包于盔状萼片内；雄蕊多数；雌蕊3～5枚。果实为聚合蓇葖果（图26-2A～图26-2D）。

（2）翠雀属（*Delphinium* L.）。本属大都被视为有毒植物。花两侧对称，萼片5，花瓣状，近轴的一片基部向后延伸成距，称萼距；花瓣4，上方的2片基部有爪，称蜜叶；雄蕊多数；雌蕊3～5枚（图26-2E、图26-2F），聚合蓇葖果。

（3）金莲花属（*Trollius* L.）。金莲花属为山地草甸草原常见牧草（图26-2G）。多年生草本。花大，辐射对称；萼片5至多数，花瓣状，黄色或淡蓝色，花瓣多数，呈短棒状；基部有蜜槽，称蜜叶，蜜叶在开花初期比雄蕊稍短，后来就比雄蕊稍长；雄蕊多数；雌蕊多数。聚合蓇葖果。

（4）白头翁属（*Pulsatilla* Adans.）。白头翁属为山地草甸草原常见牧草（图26-2H、图26-2I）。多年生草木。叶基生。花茎单1，具总苞片。花顶生，辐射对称；花萼由6萼片组成，排列成两轮。花瓣状，早落；无花瓣；雄蕊多数；雌蕊多数，各含1枚胚珠。聚合瘦果，球形，瘦果具宿存的羽毛状花柱。

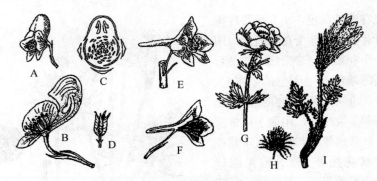

图 26-2 毛茛科常见植物

A～D. 准噶尔乌头（*Aconitum soongaricum* Stapf.）A. 花　B. 花的纵切　C. 花图式　D. 聚合蓇葖果

E～F. 天山翠雀花（*Delphinium tianshanicum* W. T. Wang）E. 花　F. 花的纵切

G. 准噶尔金莲花（*Trollius dshungaricus* Rgl.）H～I. 白头翁〔*Pulsatilla ambigua*（Tyrcz. ex Pritz.）Juz.〕

H. 植株　I. 瘦果

II 十字花科（Cruciferae）

（一）实验材料

芸薹属（*Brassica* L.）、大蒜芥属（*Sisymbrium* L.）、离子草属（*Chorispora* R. Br. ex. DC.）、独行菜属（*Lepidium* L.）、菥蓂属（*Thlaspi* L.）、群心菜属（*Cardaria* Desv.）、菘蓝属（*Isatis* L.）、葶苈属（*Draba* L.）、涩荠属（*Malcolmia* R. Br.）、荠属（*Capsella* Medic.）等属植物标本各 1 种以及供鉴定用浸湿的花和果实。

（二）十字花科形态术语解释

1. 长角果　果实的长度大于宽度的 4 倍以上。例如油菜、离子草。

2. 长角果具喙　长角果先端由果瓣或花柱发育成的实心形似鸟嘴状的部分称喙。例如油菜长角果先端具喙。

3. 短角果　果实的长度不及宽度的 4 倍。例如荠菜、菥蓂。

4. 短角果具翅　短角果的一部分果皮向外延伸成薄翅状。例如菥蓂的短角果具翅。

5. 果实开裂　当果实成熟后，两果瓣自下而上自动裂开，在果实尚未成熟时不开裂。例如油菜、菥蓂。

6. 果实不开裂　当果实成熟后，两果瓣依然不开裂。例如群心菜、萝卜。

7. 子叶缘依（子叶直叠）　子叶一侧边缘和胚根相对。例如菥蓂、离子草。

8. 子叶背倚（子叶横叠）　一子叶背面和胚根相对。例如荠菜、大蒜芥。

9. 子叶对褶　两子叶向同侧褶合包着胚根（图 26-3）。例如油菜、萝卜。

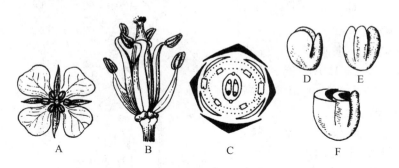

图 26-3　十字花科的专用术语
A. 十字花冠　B. 四强雄蕊　C. 花图式　D. 子叶缘依　E. 子叶背倚　F. 子叶对褶

（三）十字花科的主要特征

1. 芥菜　芥菜〔*Brassica juncea*（L.）Czern. et Coss.〕，一年生草本，高 30～150 cm，无毛；茎有分枝；基生叶宽卵形至倒卵形，先端圆钝，不分裂或大头羽裂，边缘有缺刻或齿牙；叶柄有小裂片；下部叶较小，边缘有缺刻，不抱茎；上部叶窄披针形至条形；花黄色，聚集成总状花序；取一朵花在解剖镜下分析，花萼绿色，是由 4 个萼片组成；花冠是由 4 个黄色的花瓣组成十字形花冠。十字花科也因此而得名。花瓣有瓣片和瓣爪的区分；花冠以内有 6 个雄蕊，其中 4 个雄蕊长、2 个雄蕊短，称四强雄蕊，在短雄蕊的基部有绿色、块状的蜜腺；雌蕊 1 枚，由 2 心皮构成，子房上位。看完花之后，再取一个芥菜果实观察，芥菜的果实长度大于宽度 4 倍以上，属长角果，将角果沿两侧轻轻一捏，可见果实由下向上裂开，去掉果瓣，可见中央有白色半透明的隔膜，由此把子房分为 2 室，在它的周缘有一加厚的框，是原来果皮着生处，内侧有种子着生（有种柄残存），叫胎座框，这个内隔膜是两侧胎座框向内延伸的结果，是次生的，所以叫假隔膜。观察果瓣，有明显的中脉及细弱的侧脉。分析它的果实由几枚心皮形成，为什么？

2. 群心菜　群心菜（*Cardaria draba* Desv.）（图 26-4A、图 26-4B），多年生草本，高 18～40 cm，被短柔毛。茎直立，多分枝。基生叶早枯，茎生叶卵形，长圆形或披针形，长 2～7 cm，全缘或有不明显的齿；圆锥花序伞房状，花萼长圆形，长约 2 mm，有宽的膜质边缘；花瓣白色，匙形，长 3～4 mm，顶端微缺，有爪。短角果宽卵形，膨胀，直径约 3 mm，基部心形，果瓣无毛，有明显的脉纹，背部有 1 明显的脊；花柱长约 2 mm；果梗长 0.7～1 cm。种子每室 1 枚，卵形，红褐色。

3. 菥蓂（遏蓝菜）　菥蓂 (*Thlaspi arvense* L.)（图 26 - 4C～图 26 - 4E），一年生草本，高 20～40 cm，无毛。茎直立，通常不分枝，或仅中上部分枝，具棱。基生叶长圆状倒卵形、倒披针形或披针形，长 4～5 cm，宽 1～1.5 cm，基部箭形，抱茎，全缘或有疏齿。总状花序顶生；萼片卵形，长约 2 mm、黄绿色，具宽的膜质边缘；花瓣白色，长圆状倒卵形，长 2～2.5 mm；雄蕊 6，花药卵球形；侧蜜腺不联合，三角形，中蜜腺宽三角形。短角果近圆

图 26 - 4　十字花科代表植物

A、B　球果群心菜 [*Cardaria chalepensis* (L.) Ilang. - Mazz. A]

A. 果枝　B. 果　C～E. 菥蓂（*Thlaspi arvense* L.）

C. 植株　D. 花　E. 果

形，直径约 1.5 cm，扁压，周围具宽约 3 mm 的翅。种子每室 6～8 个，黄褐色，有指纹状条纹。

4. 利用检索表鉴定所给植物的名称

十字花科常见植物分属检索表

1. 果实为长角果。
    2. 果实成熟后不开裂，明显地于种子间缢缩。
        3. 果实横断为若干节，每节含 1 种子；花瓣不具深色脉纹 …………………………………………………………… 4. 离子草属 *Chorispora* R. Br. ex. DC.
        3. 果实不横断，其中形成海绵状横隔；花瓣有深色脉纹 …… 3. 萝卜属 *Raphanus* Linn.
    2. 果实成熟后纵裂。
        4. 长角果有喙。
            5. 果实的喙扁，剑状；种子每室 2 列；花瓣黄色，有紫色脉纹 … 2. 芝麻菜属 *Eruca* Mill
            5. 果实的喙圆锥状；种子每室 1 列；花瓣黄色，无深色脉纹 …………………………………………………………………… 1. 芸薹属 *Brassica* L.
        4. 长角果无喙。
            6. 植株无毛或有单毛 ……………………… 5. 大蒜芥属 *Sisymbrium* L.

6. 植株被分枝毛，有时杂有单毛与腺毛。

　7. 雄蕊长于花冠，花黄色或乳黄色；叶二至三回羽状全裂 ……………
　　　………………………………………… 6. 播娘蒿属 *Descurainia* Webb. et. Berth.

　7. 雄蕊短于花冠，花白色或淡紫色。

　　8. 长角果细小，长 1 cm 左右，先端有 4 个角状附属物 ……………
　　　　……………………………………………………… 7. 四齿芥属 *Tetracme* Bunge

　　8. 角果长 2 cm 以上，果实先端不具角状附属物。

　　　9. 花淡紫色；角果条形或圆柱形………………… 8. 涩荠属 *Malcomia* R. Br.

　　　9. 花白色；角果多弯曲，于种子间缢缩成念珠状 ………………………
　　　　………………………… 9. 念珠芥属 *Torularia*(Coss.)O. E. Schulz

1. 果实为短角果。

　10. 短角果不开裂。

　　11. 短角果有翅。

　　　12. 果长圆形、长圆状楔形或近圆形，周边有翅或至少在上下端有翅 …………
　　　　……………………………………………………… 10. 菘蓝属 *Isatis* L.

　　　12. 短角果无翅。

　　　　13. 短角果舟状半卵形，喙扁三角形……… 11. 舟果荠属 *Tauscheria* Fisch. ex. DC.

　　　　13. 短角果球形、近球形或近心形。

　　　　　14. 短角果有柄，球形或心形，无喙 ………………… 12. 群心菜属 *Cardaria* Desv.

　　　　　14. 短角果无柄，近球形，有宿存像喙的花柱 … 13. 鸟头荠属 *Euclidium* R. Br.

　10. 短角果开裂。

　　15. 果实压扁方向与隔膜平行，果瓣扁平，与胎座框同型。

　　　16. 植株被浓密的贴伏的星状毛 ……………………………… 14. 庭荠属 *Alyssum* L.

　　　16. 植株被分技毛，但不贴伏，也不很密。有些种果实近似长角果 ………………
　　　　………………………………………………………… 15. 葶苈属 *Draba* L.

　　15. 果实压扁方向与隔膜垂直，果瓣囊状或半球形，胎座框窄。

　　　17. 短角果膨胀，倒梨形；叶缘常反卷 …………… 16. 亚麻荠属 *Camelina* Crantz.

　　　17. 短角果扁平。

　　　　18. 短角果倒三角形或倒心形，周围无翅 ………… 17. 荠属 *Capsella* Medic.

　　　　18. 短角圆形、近圆形，或披针形、短圆形，或多或少有翅。

　　　　　19. 短角果顶端稍有翅，每室有 1～2 种子 ……… 18. 独行菜属 *Lepidium* L.

　　　　　19. 短角果周围有翅（南方种有的无翅），每室有几个至多数种子 …………
　　　　　　………………………………………………… 19. 菥蓂属 *Thlaspi* L.

Ⅲ 牻牛儿苗科（Geraniaceae）

（一）实验材料

老鹳草属（*Geranium* L.）、天竺葵属（*Pelargonium* L.）、牻牛儿苗属

（*Erodium* L.）等属植物标本各 1 种以及供鉴定用浸湿的花和果实。

（二）牻牛儿苗科的主要特征

草原老鹤草（*Geranium pretense* L.）生于林缘草甸。多年生草本，高 30～80 cm，根状茎短而直。叶对生，肾状圆形，深裂几达基部，小裂片深羽裂或羽状缺刻。聚伞花序生于小枝顶端，花梗密被白色腺毛；取 1 朵花分析，花萼 5 个，被腺毛，花冠 5 个，蓝紫色；雄蕊 10 枚；雌蕊由 5 个心皮构成，柱头 5 裂，子房上位，5 室，每室 1 胚珠。果为分果，成熟果实具有长芒状花柱，成熟后心皮从中轴分离，自基部向上卷而扭曲。

四、思考题

1. 通过对毛茛科、十字花科、牻牛儿苗科代表植物的观察和研究，概括出各科的主要特征。

2. 写出你所鉴定的植物属名以及这些植物的主要特征。

3. 选择 3 个科的 5 种植物编写出检索表。

实验二十七　蔷薇科（Rosaceae）、豆科（Leguminosae）、伞形科（Umbelliferae）

一、实验目的

① 熟悉和掌握蔷薇科、豆科、伞形科的专用术语，利用检索表鉴定和认识各科植物。

② 通过对蔷薇科、豆科、伞形科常见植物的观察、认识，掌握各科的主要特征。

二、仪器与用品

体视显微镜、镊子、解剖针、载玻片、刀片、检索表等。

三、实验步骤

I 蔷薇科（Rosaceae）

（一）实验材料

绣线菊属（*Spiraea* L.）、山楂属（*Crataegus* L.）、苹果属（*Malus* Mill.）、委陵菜属（*Potentilla* L.）、蔷薇属（*Rosa* L.）、桃属（*Amygdalus* L.）、羽衣草属（*Alchemilla* L.）、地蔷薇属（*Chamaerhodos* Bge.）等属植物标本各 1 种以及供鉴定用浸湿的花和果实。

（二）蔷薇科四亚科的区别

蔷薇科四亚科的区别如图 27 - 1 所示。

（三）蔷薇科的主要特征

1. 金丝桃叶绣线菊　金丝桃叶绣线菊（*Spiraea hypericifolia* L.）是山

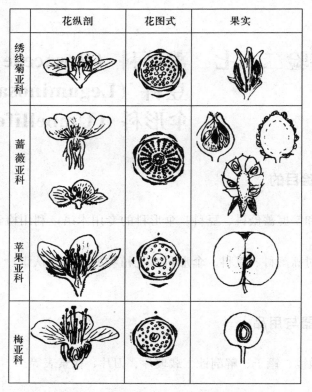

	花纵剖	花图式	果实
绣线菊亚科			
蔷薇亚科			
苹果亚科			
梅亚科			

图 27-1 蔷薇科 4 个亚科的比较图

地灌丛中常见的落叶灌木，枝条光滑，带红褐色；单叶，在老枝上丛生，在当年新枝上则为互生，无托叶。花小，在花枝的每个节上聚成伞形花序，整个花枝上的伞形花序又成总状排列，并扭向一侧，称总状伞形花序。在解剖镜下分析一朵花，可以看到花萼 5 枚、绿色；花冠 5 枚、白色；雄蕊多数。用解剖针将雄蕊从中心剥开，可以看到花托呈浅杯状，花萼、花冠和雄蕊都着生在杯状花托的边缘，在花丝的基部常常有蜜腺，而雌蕊则生于杯状花托的底部，雌蕊是由 5 个单雌蕊组成雌蕊群，子房上位，这种类型的花又称子房上位周位花。果实为聚合蓇葖果。

2. 苹果 苹果（*Malus pumila* Mill.）（图 27-2）是我国北方广泛栽培的水果之一。乔木，枝条有长枝与短枝之分。单叶互生，卵形，背腹面部被柔毛，边缘有细锯齿，托叶早落。花较大。聚集成伞房花序；取一朵花分析，从侧面观，花托呈杯状，顶端有 5 枚齿状萼片；从顶面观，可以看到 5 枚显著的、白色或粉红色的花瓣；花冠以内呈轮状排列着多数雄蕊，用解剖针小心地从中心将雄蕊剥开，就可以看到 5 个细棒状的花柱。若将花纵切后可以看到花萼、花冠、雄蕊都着生在杯状花托的边缘，而雌蕊生于花托的中央，并且下陷在花托内，与花托愈合，称为子房下位。果实为梨果。

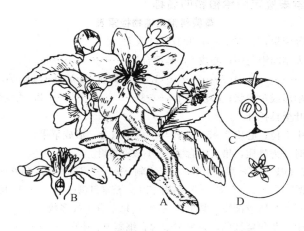

图 27-2　苹果（*Malus pumila* Mill.）

A. 花枝　B. 花的纵切　C. 果的纵切　D. 果的横切

3. 委陵菜属　委陵菜属（*Potentilla* L.）是草场上习见的野生牧草。分析它们的花，可以看到花部着生在一个突出的球形花托上，花托基部着生 5 枚绿色的萼片，在萼片的外部还有 5 个较小的副萼；花萼以内有 5 枚黄色的花瓣；雄蕊多数生于花托边缘；雌蕊多数轮状排列于凸出的花托上。聚合瘦果。

4. 桃　桃〔*Prunus persica*（L.）Basch〕（图 27-3）也是我国北方广泛栽培的水果，木本，无长短枝之别。单叶互生，叶片长椭圆状披针形，托叶早落。花单生于叶腋，无柄，取一朵花从侧面观，可以看到花托呈杯状，在花托边缘有 5 个萼片，从正面观，可以看到 5 个粉红色的花瓣；雄蕊多数，花萼、花冠和雄蕊都着生在杯状花托的边缘；雌蕊生于杯状花托的底部，心皮 1，

图 27-3　桃〔*Prunus persica*（L.）Basch〕

A. 花枝　B. 果枝　C. 花的纵切　D. 花药　E. 核果

子房上位，若将子房横切，可以看到子房 1 室、1 胚珠。果实为典型的核果。

5. 利用检索表鉴定所给植物的名称

蔷薇科常见植物检索表

1. 果实为开裂的蓇葖果，心皮 1～5；叶有托叶或无。
　　2. 羽状复叶；大型圆锥花序；心皮 5，基部合生 ………………………… 1. 珍珠梅属 *Sorbaria*(Ser.)A. Br. ex. Aschers.
　　2. 单叶；花序伞形或伞房状；心皮离生 ………………… 2. 绣线菊属 *Spiraea* L.
1. 果实不开裂；叶全具托叶。
　　3. 子房下位或中下位；心皮 2～5，花托与子房壁愈合，形成梨果。
　　　　4. 心皮成熟时变为骨质，果实内含 1～5 小核；单叶。
　　　　　　5. 叶全缘；心皮 2～5，梨果小形；枝条无刺 ……… 3. 栒子属 *Cotoneaster* B. Ehrhart
　　　　　　5. 叶缘有锯齿或裂片；心皮 1～5，梨果稍大；枝常具刺………… 4. 山楂属 *Crataegus*
　　　　4. 心皮成熟时为革质或纸质，梨果 1～5 室，每室有 1 或多数种子。
　　　　　　6. 花柱离生，花药紫红色；梨果多数含石细胞 ………… 5. 梨属 *Pyrus* L.
　　　　　　6. 花柱基部合生，花药黄色；梨果不含石细胞 …………… 6. 苹果属 *Malus* Mill.
　　3. 子房上位，少数下位。
　　　　7. 心皮多数；瘦果，着生在花托上或膨大的肉质的花托内；多复叶，稀单叶。
　　　　　　8. 瘦果或小核果，着生在扁平或凸起的花托上。
　　　　　　　　9. 花托成熟时膨大或变为肉质；花白色，副萼片比萼片小；叶基生，具 3 小叶 ……………………………………………… 7. 草莓属 *Fragaria* L.
　　　　　　　　9. 花托成熟时干燥；叶基生或茎生；掌状复叶或羽状复叶 …………………………………………………………… 8. 委陵菜属 *Potentilla* L.
　　　　　　8. 果着生在杯状或坛状花托内 ………………………… 9. 蔷薇属 *Rosa* L.
　　　　7. 心皮常 1，少 2 或 5；核果，萼片常脱落；单叶，有托叶。
　　　　　　10. 果实被绒毛，稀无毛。
　　　　　　　　11. 叶圆形或卵圆形，在芽中卷旋；核表面光滑，具锐利边棱 …………………………………………………………… 10. 杏属 *Armeniaca* L.
　　　　　　　　11. 叶披针形，在芽中对褶；核表面具网状或蜂窝状洼痕 … 11. 桃属 *Amygdalus* L.
　　　　　　10. 果实光滑。
　　　　　　　　12. 花为总状花序；果小，近球形，被蜡粉………… 12. 稠李属 *Padus* Mill.
　　　　　　　　12. 花单生，簇生或伞形。 …………………………… 13. 李属 *Prunus* L.

Ⅱ 豆科（Leguminosae）

（一）实验材料

槐属（*Sophra* L.）、骆驼刺属（*Alhagi* Gagneb.）、车轴草属（*Trifoli-*

um L.）、草木樨属（*Melilotus* Mill.）、苜蓿属（*Medicago* L.）、胡卢巴属（*Trigonella* L.）、锦鸡儿属（*Caragana* Fabr.）、黄耆属（*Astragalus* L.）、棘豆属（*Oxytropis* DC.）、甘草属（*Glycyrrhiza* L.）等属植物标本各 1 种以及供鉴定用浸湿的花和果实。

（二）豆科形态术语解释

1. 荚果不在种子间裂为节荚　荚果如有 2 粒以上的种子，果皮不在种子之间收缩得很细，如豌豆和紫花苜蓿的荚果。

2. 荚果于种子间横裂或紧缩　荚果如有 2 粒以上的种子，果皮在种子之间收缩的很细，象串珠状，甚至由此而横向断裂。如苦豆子、骆驼刺和岩黄耆的荚果。

3. 荚果肿胀　荚果膨大呈膀胱状。如苦马豆的荚果。

（三）豆科的主要特征

1. 苦豆子　苦豆子（*Sophra alopecuroides* L.）是我国西北常见的有毒植物。多年生草本，全株灰绿色，茎直立，分枝多呈帚状。叶为奇数羽状复叶，具 11～25 枚小叶，托叶小，钻形，小叶片矩圆状披针形至卵形。总状花序顶生，长 10～15 cm，花多数，密生，取一朵花置于解剖镜下分析，花萼由 5 个萼片联合而成钟形，萼齿 5，三角形；花冠蝶形，淡黄色，蝶形花冠属两侧对称花，上面最大的 1 个花瓣叫旗瓣，旗瓣矩圆形或倒卵形，基部渐狭成爪，在旗瓣下面的两侧各有 1 个侧花瓣，叫做翼瓣，翼瓣短圆形，比旗瓣稍短，有耳和爪，这时用镊子将旗瓣和翼瓣摘除，在最下部露出两片顶部稍联合的花瓣，叫做龙骨瓣，龙骨瓣与翼瓣等长；再将龙骨瓣摘除，就可以看到雌雄蕊，雄蕊 10 枚分离；雌蕊由 1 个心皮构成，子房有绢毛。荚果在种子间收缩成串珠状，成熟后不开裂，长 5～15 cm。种子宽卵形，黄色或淡褐色。

2. 豌豆　豌豆（*Pisum sativum* L.）（图 27 - 4）是我国广为栽培的豆类作物。一年生攀缘草本植物。叶为偶数羽状复叶，小叶 2～6 片，叶轴末端有羽状分枝的卷须，在总叶柄的基部有 2 片大于小叶的托叶，边缘具齿。花单生或2～3 朵生于叶腋处的总花梗上。取 1 朵花分析，花萼由 5 枚萼片组成，钟状，有 5 个萼齿，花冠蝶形，用镊子将花瓣由外及里一一拔下，依次置于桌上，外面的 1 片最大（什么形状？）为旗瓣，其内两片相似，位置对称（什么形状？），为翼瓣，最内的两片亦相似，顶端稍为联合（什么形状？），称为龙骨瓣；这时剩在花萼内的是雄蕊和雌蕊，雄蕊 10 枚，用解剖针拨动，可见有的花丝连成一侧开口的筒状（几枚?），花药分离，另一枚完全游离，它就是二体雄蕊；除去雄蕊，既可看见雌蕊，它在花丝筒中，子房条状矩圆形，花柱弯曲，与子房成直角。荚果长圆筒状，成熟后开裂；种子球形，绿色，后变黄。

3. 紫花苜蓿 紫花苜蓿（*Medicago sativa* L.）是我国广泛栽培的重要牧草。多年生草本植物，茎多分枝。叶为羽状三出复叶，顶生小叶较大，叶前端具齿；叶窄披针形。短总状花序，腋生，具5～20余朵花，取一朵花置于解剖镜下分析，观察其花的形态。

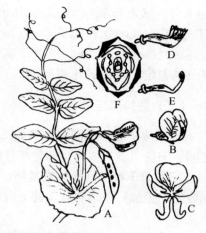

图 27 - 4　豌豆（*Pisum sativum* L.）

A. 花果枝　B. 花　C. 花的解剖
D. 雄蕊及雌蕊　E. 雌蕊　F. 花图式

4. 利用检索表鉴定所给植物的名称

豆科常见植物检索表

1. 雄蕊 10 枚，分离或基部联合 ······························ 1. 槐属 *Sophra* L.
1. 雄蕊 10 枚，合生成单体或二体雄蕊，少分离。
　2. 荚果在种子间横裂或缢缩成节荚，各节具 1 粒种子但不开裂，或有时仅 1 节 1 粒种子
　3. 带刺的小灌木，叶退化为单叶 ····················· 2. 骆驼刺属 *Alhagi* Gagneb.
　3. 无刺的草本 ······································· 3. 驴食草属 *Onobrychis* Mill.
　2. 荚果在种子间不缢缩成节荚，开裂或不开裂。
　　4. 叶常为 3 小叶的复叶。
　　　5. 三出复叶掌状排列 ·························· 4. 车轴草属 *Trifolium* L.
　　　5. 三出复叶羽状排列。
　　　　6. 花组成细长的总状花序；果实卵形，小，含 1～2 粒种子，表面有方格状网纹 ····················· 5. 草木樨属 *Melilotus* Mill.
　　　　6. 花序密，花多；果实常成马蹄形或螺旋状弯曲 ····· 6. 苜蓿属 *Medicago* L.
　　4. 叶常为 4 小叶以上的复叶 ····················· 7. 野豌豆属 *Vicia* L.
　　7. 叶常具腺点或透明的油点；荚果含 1 种子，不开裂 ······· 8. 紫穗槐属 *Amorpha* L.
　　7. 叶不具腺点；荚果含 2 粒以上种子。
　　　8. 旗瓣常较宽而开展或向后翻，花柱一侧具 1 纵列须毛；花序具纵列须毛 ········
　　　　 ····································· 9. 苦马豆属 *Sphaerophysa* DC.
　　8. 旗瓣较窄，直立或开展，花柱通常光滑无毛。
　　　9. 落叶灌木；偶数羽状复叶，其叶轴常延伸成刺状且宿存，少为掌状复叶而叶轴不伸延。

10. 花萼倾斜，龙骨瓣直，不与翼瓣联合，等长于旗瓣；荚果1室。叶轴与托叶长硬
化成刺状 ·· 10. 锦鸡儿属 *Caragana* Fabr.

10. 花萼不倾斜，龙骨瓣内曲，与翼瓣联合，短于旗瓣；荚果1或2室。叶轴与托叶
不硬化成刺状 ·· 11. 黄耆属 *Astragalus* L.

9. 草本或灌木；叶常为奇数羽状复叶。

11. 植物常具黏质腺毛 ·································· 12. 甘草属 *Glycyrrhiza* L.

11. 植物不具黏质腺毛。

12. 龙骨瓣先端具尖头 ······················· 13. 棘豆属 *Oxytropis* DC.

12. 龙骨瓣先端钝圆 ·························· 11. 黄耆属 *Astragalus* L.

Ⅲ 伞形科（Umbelliferae）

（一）实验材料

胡萝卜属（*Daucus* Raf.）、毒芹属（*Cicuta* L.）、羊角芹属（*Aegopodi-um* L.）、阿魏属（*Ferula* L.）、独活属（*Heracleum* L.）等属植物标本各1种以及供鉴定用浸湿的花和果实。

（二）伞形科专用术语解释

1. 接着面　2个心皮亦即两个果瓣互相联合的面叫做接着面（图27-5）。

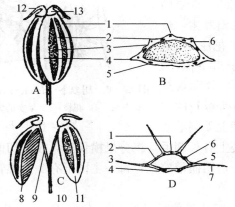

图27-5　伞形科的果实

A、C. 未开裂与开裂的双悬果　B、D. 两种果实的横切

1. 背棱　2. 中棱　3. 棱槽　4. 侧棱　5. 油管　6. 维管束　7. 次棱
8. 接合面　9. 心皮柄　10. 果柄　11. 背面　12. 花柱　13. 花盘

2. 背面　与接着面相对应的一面称背面。

3. 果棱　在分果上通常具有5条隆起的棱肋，其中背面的一条，相当于

心皮的中脉者称背棱；两边的 2 条，相当于心皮的侧脉者称侧棱；背棱与侧棱之间的 2 条称中棱；背棱、中棱和侧棱统称主棱，通常主棱下包埋着维管束，有时在主棱之间还有次棱，次棱是主棱间的小侧脉，在次棱之下常有油管。主棱与次棱统称果棱。

4. 棱槽 主棱之间的沟谷称棱槽，在棱槽下通常包埋着油管。

（三）伞形科的主要特征

1. 胡萝卜 胡萝卜（*Daucus carotavar sativa* DC.）（图 27 - 6）是我国广泛栽培的蔬菜或多汁饲料，二年生草本，具肥大肉质的直根，茎高 1 m 左右。单叶互生，叶片多回羽状细裂；叶柄基部扩展成鞘状。花小，聚成复伞形花序；花两性，小伞形花序中心的花通常紫色，辐射对称，而花序边缘的花，外侧的花瓣特别增大，形成两侧对称；萼片 5，很小，成齿状或完全退化；花瓣 5，与萼片互生，尖端内曲；雄蕊 5 枚，与花瓣互生，雌蕊由 2 个心皮构成，花柱 2，基部膨大成花柱基，子房下位，2室，每室 1 胚珠。果实为双悬果，每个分果具有 5 个纵行的主棱和 4 个次棱，主棱上无刺毛或

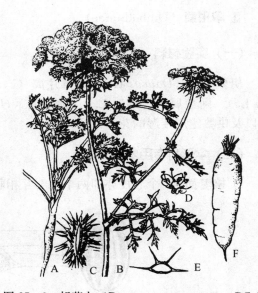

图 27 - 6　胡萝卜（*Daucus carotavar sativa* DC.）
A. 幼株　B. 花枝　C. 果实的纵切　D. 花序中间的花
E. 果实的横切　F. 肥大的直根

具较短的刺毛，次棱上有长刺毛，将分果横切后，在横切面上可以看到，每个次棱下有 1 条油管，透明而带棕色；每一主棱下有 1 条维管束。这些都要在解剖镜下观看。

2. 东北羊角芹 东北羊角芹（*Aegopodium alpestre* Ledeb.）是亚高山草甸、林缘和林下习见的牧草。多年生草本，根茎短，有细长的地下匍匐枝，茎稍柔弱，直立，常单生。单叶互生，叶片三角形，2～3 回羽状全裂，叶柄基部扩展成鞘状。花小，聚集成复伞形花序，无总苞片及小苞片；萼齿不明显；花瓣白色；雄蕊 5 枚，与花瓣互生；雌蕊由 2 个心皮构成，形成 2 室，子房下位，柱头 2 裂。双悬果。

四、思考题

1. 通过对蔷薇科、豆科、伞形科代表植物的观察和研究，概括出各科的主要特征。

2. 写出你所鉴定的植物属名以及这些植物的主要特征。

3. 选择 3 个科的 5 种植物编写出检索表。

实验二十八　罂粟科（Papaveraceae）、锦葵科（Malvaceae）、柽柳科（Tamaricaceae）、蒺藜科（Zygophyllaceae）

一、实验目的

① 熟悉和掌握罂粟科、锦葵科、柽柳科、蒺藜科的专用术语，利用检索表鉴定和认识各科植物。

② 通过对罂粟科、锦葵科、柽柳科、蒺藜科常见植物的观察、认识，掌握各科的主要特征。

二、仪器与用品

体视显微镜、镊子、解剖针、载玻片、刀片、检索表等。

三、实验步骤

I 罂粟科（Papaveraceae）

（一）实验材料

橙野罂粟（*Papaver croceum* Ldb.）、白屈菜（*Chelidonium majus* L.）、海罂粟属（*Glaucium* Mill）、紫堇属（*Corydalis* Vent.）等标本，浸湿的花或果实。

（二）罂粟科的主要特征

1. 橙野罂粟　橙野罂粟（*Papaver croceum* Ldb.）习见于山地林缘：多年生草本植物，高 20～70 cm，植物体具乳汁，这是罂粟科植物的主要特征之一，但是在干标本上很难看到这一点。叶多基生，茎生叶互生，羽状分裂。花大型，黄色单生于枝顶，取一朵花来分析，它具有2个绿色的萼片，在花蕾时包被着花，但是在一般盛开的花上是看不见花萼的这种特征；花冠是由4花瓣组成，在自然状态它是鲜艳而美观的；雄蕊多数；雌蕊由多数心皮构成，子房上位，圆筒形，无花柱，柱头在子房上呈盾片状，其上有辐射隆起。将子房横切或将柱头切开，好像形成多室，但仔细观察这些隔膜在子房中央并不衔接，在解剖镜下观察，可以看见这些隔膜上有着生很多胚珠，所以这些隔膜是每个心皮增大而形成的胎座，从而断定它是子房1室，具有增大的侧膜胎座。果实为蒴果，孔裂。

2. 白屈菜 白屈菜（*Chelidonium majus* L.）（图28-1）是山地林缘和山谷常见的有毒植物：为多年生草本，茎顶二歧分枝。单叶互生，羽状深裂。花小、辐射对称，组成伞房花序，雌蕊由2个心皮构成，柱头与胎座互生。蒴果细长圆柱形。

3. 海罂粟属 海罂粟属（*Glaucium* Mill.）为荒漠和荒漠草原上常见的有毒植物，花大型，单生于茎或分枝的顶端，雌蕊由2个心皮构成，柱头与胎座对生。蒴果细长圆柱形。如天山海罂粟（*Glaucium elegans* Fisch. et. Mey.）

4. 紫堇属 紫堇属（*Corydalis* Vent.）多见于山地草甸。花两侧对称，排列成顶生总状花序，花瓣4片，上面1片基部大或延伸成距；雄蕊6枚合成两束。蒴果两瓣裂，种子2至多枚。如天山黄堇（*Corydalis semenovii* Rgl.）花黄色，生山地林缘。

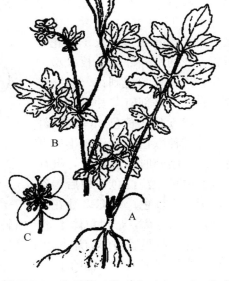

图28-1 白屈菜（*Chelidonium majus* L.）
A. 植株下部 B. 花枝 C. 花

Ⅱ 锦葵科（Malvaceae）

（一）实验材料

陆地棉（*Gossypium hirsutum* L.）、冬葵（*Malva verticillata* L.）、野西瓜苗（*Hibiscus trionum* L.）等植物标本，浸湿的花和果实。

（二）锦葵科的主要特征

1. 陆地棉　棉花是一个笼统的称呼，在分类上只代表一个属名，这一属在世界上有 20 种，我国有 5 种，新疆产 4 种，栽培上还有很多品种。陆地棉（*Gossypium hirsutum* L.）（图 28 - 2）是一年生栽培植物，植物体长柔毛。分枝有长枝与短枝之别。单叶互生，叶片掌状分裂。花大型，单生于叶腋。现取 1 朵花分析，在花的最外部有 3 枚大型的苞片，边缘具不规则齿，剥开苞片，在花的基部有萼片 5 枚，合生；花瓣 5 枚，黄色、白色或红色，这三种颜色实质代表不同开花时间，刚开时为乳黄色，继而变成淡白色、淡红色，最后为红色，干后为紫色；雄蕊多数花丝

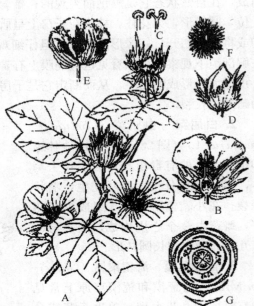

图 28 - 2　陆地棉（*Gossypium hirsutum* L.）
A. 花枝　B. 花纵剖　C. 雄蕊　D. 蒴果
E. 开裂的蒴果　F. 种子　G. 花图式

联合，花药分离，形成单体雄蕊，用解剖针将花丝筒挑开，可以看到 3～5 花柱，沿花柱找见子房即为雌蕊，子房上位。果实为蒴果，一般叫棉铃或棉桃，将果实横切，可见为中轴胎座，蒴果背裂。种子成熟后表面有许多白色的表皮毛，就是一般说的纤维，在种皮表面还有短毛，这就是常说的短绒，用刀片横切种子，可见子叶扭转折叠，无胚乳。

2. 冬葵　冬葵（*Malva verticillata* L.），两年生习见杂草，高 60～90 cm。单叶互生，肾形至圆形，掌状 5～7 cm 浅裂。花小、淡红色，常丛生于叶腋；小苞片 3，有细毛；萼杯状，5 齿裂；花瓣 5 枚，顶端凹入；雌蕊由 10～11 个心皮构成，形成 10～11 个室，每室 1 胚珠，成熟后心皮彼此分离，形成分果。

3. 野西瓜苗　野西瓜苗（*Hibiscus trionum* L.），一年生习见杂草，高 30～60 cm。单叶互生，叶片 3～5 浅裂或深裂，裂片通常羽状分裂，与西瓜叶相似，故有西瓜苗之称。花大型，黄色。果实为蒴果背裂，植物体被粗硬的单毛。

Ⅲ 柽柳科 (Tamaricaceae)

(一) 实验材料

红柳 (*Tamarix ramosissima* Ledeb.)、枇杷柴 (*Reaumuria soongorica* Maxim.) 等植物标本，浸湿的花和果实。

(二) 柽柳科的主要特征

1. 红柳 红柳 (*Tamarix ramosissima* Ledeb.) 常见于荒漠地带的盐渍化低地、绿洲边缘以及山丘上。灌木，高 1～3 m，枝条红棕色。叶鳞片状，披针形、短卵形或三角状心形，长 2～5 mm，花紫红色、淡红色或白色，组成总状花序，总状花序密生于当年生枝条上，再组成顶生大型圆锥花序，苞片卵状披针形，宿存；雄蕊 5 枚，着生于黄色的花盘上，雌蕊由 3 个心皮构成，花柱 4，子房上位，1 室。果为蒴果瓣裂；种子顶端被簇毛。

2. 枇杷柴 枇杷柴 (*Reaumuria soongorica* Maxim.) 为荒漠地带的习见牧草。小灌木，高 10～25 cm，分枝多，老枝灰棕色。叶肉质，圆柱形，上部稍粗，长 1～5 mm，常 4～6 枚簇生。花单生于叶腋或为少花的穗状花序；取 1 朵花置于解剖镜下分析，花萼钟形，由 5 枚萼片联合而成，花冠由 5 枚花瓣组成，花瓣白色稍带淡红，内侧近中部有 2 个倒披针形鳞片状附属物；雄蕊 6～8 枚，少 12 枚；雌蕊由 3 个心皮构成，花柱 3，子房上位。蒴果纺锤形，3 瓣裂；种子全部被淡褐色毛。

Ⅳ 蒺藜科 (Zygophyllaceae)

(一) 实验材料

骆驼蓬 (*Peganum harmala* L.)、小果白刺 (*Nitraria sibirica* Pall.)、霸王 [*Zygophyllum xanthoxylon* (Bunge) Maxim.] 等标本，浸润的花和果实。

(二) 蒺藜科的主要特征

1. 骆驼蓬 骆驼蓬 (*Peganum harmala* L.) 是荒漠及荒漠草原常见的一种劣等牧草。多年生草本，高 20～70 cm，多分枝，分枝铺地散生。单叶互生，肉质，3～5 全裂，裂片条状披针，长达 3 cm，托叶条形。花大型，单生，与叶对生。取一朵花分析，花萼由 5 个萼片组成，有时顶端分裂，长达 2 cm，花冠由 5 个白色的花瓣组成，花瓣倒卵状矩圆形，长 1.5～2 cm；雄蕊 15 枚，花丝基部宽展；雌蕊由 3 个心皮构成，花柱 3，子房上位，三室。果实为蒴果，三瓣裂。

2. 小果白刺　小果白刺（*Nitraria sibirica* Pall.）为盐湿地、覆沙低地主要植物。落叶、矮生具刺小灌木，树皮灰白色。叶簇生，肉质，倒卵状匙形，被丝状毛。花小、黄绿色，聚成顶生蝎尾状聚散花序，取 1 朵花分析，花萼由 5 枚萼片组成，雄蕊 10～15 枚；子房 3 室。果实为蒴果，锥状卵形，成熟时深紫红色。

3. 霸王　霸王（*Zygophyllum xanthoxylon*（Bunge）Maxim.）（图 28-3）为荒漠草原及荒漠地带是习见植物。落叶小灌木，高 70～150 cm；枝端具刺，小枝灰白色，无毛。复叶具 2 小叶，对生或簇生，长 4～6 cm，小叶肉质，条形至条状倒卵形，长 0.2～2 cm，顶端圆。花单生于叶腋，黄白色；萼片 4，倒卵形，长 4～6 mm；花瓣 4，近圆形，基部楔状狭窄成爪；雄蕊 8，长于花瓣，花丝基部有附属物；子房 3 室，花盘肉质。蒴果通常有 3 个宽翅，连翅长约 2 cm，近圆形，不开裂。分布于我国西北及北部各省区，多生长于干旱的砂地及多石砾的地方。可作家畜饲料。

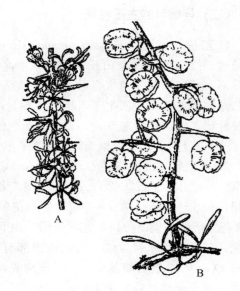

图 28-3　霸王［*Zygophyllum xanthoxylon*（Bunge）Maxim.］
A. 花枝　B. 果枝

四、思考题

1. 通过对罂粟科、锦葵科、柽柳科、藜藜科代表植物的观察和研究，概括出各科的主要特征。

2. 写出你所鉴定的植物属名以及这些植物的主要特征。

3. 选择 3 个科的 5 种植物编写出检索表。

实验二十九　紫草科（Boraginaceae）、唇形科（Lamiaceae）、旋花科（Convolvulaceae）

一、实验目的

① 熟悉和掌握紫草科、唇形科、旋花科的专用术语，利用检索表鉴定和认识各科植物。

② 通过对紫草科、唇形科、旋花科常见植物的观察、认识，掌握各科的主要特征。

二、仪器与用品

体视显微镜、镊子、解剖针、载玻片、刀片、检索表等。

三、实验步骤

Ⅰ 紫草科（Boraginaceae）

（一）实验材料

天芥菜属（*Heliotropium* L.）、糙草属（*Asperugo* L.）、牛舌草属（*Anchusa* L.）、聚合草属（*Symphytum* L.）、鹤虱属（*Lappula* V. Wolf）等属植物标本各1种以及供鉴定用浸湿的花和果实。

（二）紫草科专用术语解释

1. 小坚果着生面居于果实的顶部或小坚果顶部与花托相连　花托金字塔形，小坚果以顶部的侧面着生于花托上；而中、下部与花托分离。例如琉璃草属。

2. 小坚果着生面位于果实腹面中部或小坚果以侧面与花托相连　花托锥形或金字塔形，小坚果以侧面（腹面）着生于花托上。例如鹤虱属。

3. 小坚果着生面居于果实基部或小坚果基部与花托相连　花托平坦，小坚果以其基部着生于花托上。例如勿忘草属。

(三) 紫草科的主要特征

1. 聚合草　聚合草 (*Symphytum officinale* L.) (图 29 - 1) 是近年来广泛引种栽培的一种重要牧草。为多年生草本，植物体均被糙毛。叶大型，多基生，茎生叶互生。花小聚成比较典型的镰状聚伞花序；取 1 朵花分析，花萼由 5 个萼片联合而成钟状，外面密被刚毛，5 深裂，裂片披针形；花冠由 5 个淡蓝紫色或淡黄色的花瓣联合而成漏斗状，花冠筒中部以上凹缩，裂片宽三角形，在花冠筒内壁的中部生有 5 个三角形的附属物 (与花冠裂片对生)；雄蕊 5 枚，也着生在花冠筒中部，与花冠裂片互生，而与三角形附属物相间排列，花丝短而花药稍长；雌蕊由 2 个心皮构成，子房上位，4 深裂而成 4 室，每室 1 胚珠。果实为 4 个小坚果。

2. 牛舌草　牛舌草 (狼紫草) (*Anchusa ovata* Leh.) (图 29 - 2) 是我国华北、西北地区常见的一年生杂草，植物体被糙毛。单叶互生。花小，天蓝色，排列成镰状聚伞花序，因为同时开放的花很少，而镰状花序表现的不够明显，这时要特别注意观察花蕾的排列方式，才能看出它的特点。取 1 朵花在解剖镜下分析，花有 5 个萼片，果时

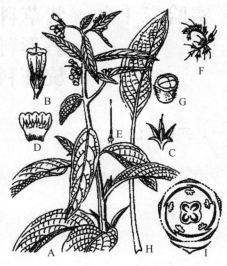

图 29 - 1　聚合草 (*Symphytum officinale* L.)
A. 花序枝　B. 花　C. 花萼　D. 展开的花冠　E. 雌蕊
F. 果序　G. 小坚果　H. 基生叶　I. 花图式

图 29 - 2　牛舌草 (*Anchusa ovata* Leh.)
A. 植株　B. 花序　C. 花冠　D. 花萼及果实
E～G. 果实

宿存；花冠由 5 个花瓣联合成高脚碟状，花冠筒于中部弯曲，将花冠从花托上摘下来用解剖针自上而下剥开，在花冠喉部可以看到 5 个突出的、与花冠裂片对生的附属物，同时还可以看到 5 个雄蕊贴生于花冠筒上，并与附属物相间排列；在花托的中央可以看到雌蕊，雌蕊由 2 个心皮构成 2 室，后又 4 裂而成 4 室，每室有 1 个胚珠。果实为 4 个小坚果。

Ⅱ 唇形科（Lamiaceae）

（一）实验材料

黄芩属（*Scutellaria* L.）、欧夏至草属（*Marrubium* L.）、青兰属（*Dracocephalum* L.）、糙苏属（*Phlomis* L.）、鼠尾草属（*Salvia* L.）、薄荷属（*Mentha* L.）、新塔花属（*Ziziphora* L.）等属植物标本各 1 种以及供鉴定用浸湿的花和果实。

（二）唇形科形态术语解释

1. 2/3 式二唇形　唇形花冠的上唇有 2 个裂片，下唇有 3 个裂片。

2. 4/1 式二唇形　唇形花冠上唇有 4 个裂片，下唇有 1 个裂片。

3. 假单唇花冠　花冠上唇不发达，下唇发达，接近 0/4 式。

4. 单唇形花冠　花冠裂片全部或单独的下唇，为 0/4 式。

5. 前雄蕊　近下唇的一对雄蕊叫前雄蕊。

6. 后雄蕊　近上唇的一对雄蕊叫后雄蕊。

（三）紫草科的主要特征

1. 新疆鼠尾草　新疆鼠尾草（*Salvia deserta* Schang）为常见杂草。多年生草本，茎四棱，叶对生。花序为轮伞花序聚集成顶的穗状花序。取 1 朵花分析，花萼是由 5 个萼片联合成二唇形；花冠蓝紫色，由 5 个花瓣联合成唇形花冠，花冠筒较长，上唇盔状，顶端有深的凹陷，下唇三浅裂，若从外观看在上唇附近，可以看到雌蕊的花柱与柱头；如为新鲜花用解剖针从喉部轻轻插入，则见雄蕊之花药立即下倾，这是鼠尾草一种特殊的传粉方式，雄蕊隐藏在上唇内，用解剖针剥开上唇，可以看到 2 枚雄蕊贴生于花冠筒上，唇形科植物一般都有 4 枚雄蕊，而鼠尾草仅具 2 枚，其他 2 枚退化了，但是它的这 2 枚雄蕊是特殊的，花药与药隔二裂，药隔成熟后裂成丝状，与花丝成 "T" 形，药隔之二臂一长一短，长臂上花药发育正常，短臂上花药均退化，前面解剖针柄即触此。若将花冠全部剥开，沿花柱向下观察，可以看到雌蕊的子房四深裂，在子房的基部还可见到带紫色的蜜腺。果实为 4 个小坚果。

2. 块根糙苏 块根糙苏（*Phlomis tuberosa* L.）（图 29 - 3）是天山北坡、林缘草原上习见的植物。多年生直立草本，根木质化、粗壮，须根常呈块状增粗。茎四棱。叶对生，基生叶具长柄，卵状三角形至三角状披针形，基部心形，边缘为不整齐的圆齿，两面被单毛或近于无毛，茎生叶较小，具较短的柄。多数花聚成轮伞花序；取 1 朵花在解剖镜下分析，花萼由 5 个萼片联合而成，具 5 齿，辐射对称；花冠由 5 个花瓣合生成二唇形，紫红色，上唇顶端稍 2 裂，边缘具不规则的细裂（流苏状），下唇 3 浅裂，将花冠剖开，可以看到 4 个雄蕊贴生于花冠筒上，其中 2 个长，2 个短，长雄蕊贴生于下唇花冠筒上，即远离花序轴一侧的雄蕊（前雄蕊），花丝基部具附器；短雄蕊生于上唇花冠筒上，即近于花序轴一侧的雄蕊（后雄蕊）。果实为 4 个小坚果，小坚果顶端被毛。

图 29 - 3 块根糙苏（*Phlomis tuberosa* L.）
A. 植株 B. 花冠

Ⅲ 旋花科 （Convolvulaceae）

（一）实验材料

菟丝子属（*Cuscuta* L.）、打碗花属（*Calystegia* R. Br.）、旋花属（*Convolvulus* L.）等属植物标本各 1 种以及供鉴定用浸湿的花和果实。

（二）旋花科的主要特征

1. 田旋花 田旋花是（*Convolvulus arvensis* L.）我国北方常见的恶性杂草。多年生草本；根状茎横走。茎蔓生或缠绕，具棱角或条纹，上部有疏柔毛。单叶互生，截形，全缘或三裂。花序腋生，有 1～3 花，花梗细弱，苞片 2，线形，远离花萼；花萼 5；花冠漏斗形，长约 2 cm，粉红色，5 浅裂；雄蕊5，基部具鳞毛；子房2室，柱头2裂。蒴果球形或圆锥形，种子黑褐色。

2. 欧洲菟丝子　欧洲菟丝子（*Cuscuta europeae* L.）是我国习见的寄生性恶性杂草，春季种子由土壤中萌发，生出细长而无叶的茎，当茎缠绕上寄主以后，就产生了吸器，从寄主体内吸取营养物质。叶退化成鳞片状，侧枝与花序从鳞片状叶的叶腋部生出。夏秋时开花，花小而密集成总状花序；花两性，花萼5，联合；花冠5；雌蕊由2个心皮构成，花柱2裂，子房上位。果为蒴果，成熟时比花冠长，下半部为宿存的花冠包被。

四、思考题

1. 通过对紫草科、唇形科、旋花科代表植物的观察和研究，概括出各科的主要特征。

2. 写出你所鉴定的植物属名以及这些植物的主要特征。

3. 选择3个科的5种植物编写出检索表。

实验三十　茄科（Solanaceae）、
　　　　　　菊科（Asteraceae）

一、实验目的

① 熟悉和掌握茄科、菊科的专用术语，利用检索表鉴定和认识各科植物。
② 通过对茄科、菊科常见植物的观察、认识，掌握各科的主要特征。

二、仪器与用品

体视显微镜、镊子、解剖针、载玻片、刀片、检索表等。

三、实验步骤

I　茄科（Solanaceae）

（一）实验材料

枸杞属（*Lycium* L.）、天仙子属（*Hyoscyamus* L.）、茄属（*Solanum* L.）等属植物标本各1种以及供鉴定用浸湿的花和果实。

（二）茄科主要特征

1. 天仙子　天仙子（*Hyoscyamus niger* L.）是常见的野生杂草，为有毒植物。二年生草本，茎直立，被短腺毛与柔毛。叶互生，基部半抱茎或截形，边缘羽状深裂或浅裂。花单生于叶腋，在茎顶聚集成顶生的穗状聚伞花序。花萼筒状钟形，5浅裂。花冠漏斗状，黄绿色，基部和脉纹紫色，5浅裂。子房近球形，蒴果卵球形，由顶端盖裂。

2. 马铃薯　马铃薯（*Solanum tuberosum* L.）（图30-1）是我国北方栽培的重要蔬菜之一。多年生草本，地上茎直立，地下茎的侧枝膨大形成块茎。叶互生，为整齐的羽状复叶，小叶片大小相间排列，全缘。花白色或淡紫红色，聚伞花序圆锥状；取1朵花分析，花为辐射对称，花萼由5个萼片联合而成，

5 齿裂，宿存；花冠由 5 个花瓣联合而成辐射状花冠；雄蕊 5 枚，插生于花冠筒上，花药耸立围绕在花柱的周围成锥状，若摘除花冠，则雄蕊也连同花冠被一起去掉，这时雌蕊裸露；雌蕊由 2 个心皮构成，花柱 1，柱头微 2 裂，子房上位，若将子房横切，可看到子房 2 室，其中有多数胚珠生于中轴胎座上。果实为浆果。

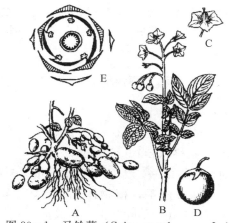

图 30-1　马铃薯（*Solanum tuberosum* L.）
A. 块茎　B. 植株　C. 花　D. 果实　E. 花图式

Ⅱ 菊科（Asteraceae）

（一）实验材料

紫菀属（*Aster* L.）、旋覆花属（*Inula* L.）、向日葵属（*Helianthus* L.）、蒿属（*Artemisia* L.）、大翅蓟属（*Onopordum* L.）、顶羽菊属（*Acroptilon* Cass.）、蒲公英属（*Taraxacum* Wigg.）、莴苣属（*Lactuca* L.）等属植物标本各 1 种以及供鉴定用浸湿的花和果实。

（二）菊科专用术语解释

1. 附器　指正常器官的附加部分。例如矢车菊属的总苞片上的附器，它与膜质边缘有明显的区别，膜质边缘仅是边缘外延的部分，而附器则可明显地看出是附加的部分。附器不仅出现在苞片上，在菊科植物的花药上也常出现，有些属的花药具尾，尾就是花药下端的附器，有的花药上端具三角形的附器，而有的花柱上也常具有附器。

2. 冠毛冠状　指瘦果顶端不形成冠毛，而成片状向上升起的部分，整个围成一圈，其边缘较为整齐。

3. 总苞　指头状花序所有总苞围成的整体形状，如有的总苞为球形、半球形、圆柱形等。

4. 不育枝　指无花的营养枝。

5. 缘花　指一个头状花序边缘的花。例如向日葵的花序边缘上的缘花为舌状花。

6. 盘花　指一个头状花序中间的花。例如向日葵的花序中间的盘花为管状花。

7. 同型花序与异形花序　如果一个花序所有的花（即盘花与缘花），完全为管状花或完全为舌状花时，称同型花序。如果一个花序两种花型均有时，则称异形花序。另一层含义是一个花序中既有雌花，又有雄花，也称异形花序。

（三）菊科主要特征

1. 向日葵 向日葵（*Heliantbus annuus* L.）（图 30 - 2）隶属于管状花亚科（Carduoideae），是新疆油料作物之一。为一年生草本植物，全株被刚毛，植物体无乳汁，茎高可达 3 m。单叶互生，具长柄，无托叶，叶片宽卵形至心形，有 3 条主脉，基部心脏形。头状花序大型，直径达 30 cm，取一部分头状花序进行分析，在整个花序的外面有数层总苞片，很像一般花的花萼，总苞片以内有一圈大型、黄色的舌状花，即为缘花，在舌状花以内的全部为小型的管状花，一般都在 1 000 朵左右，这些又称盘花，若将盘花的一部分取掉，在扁平的

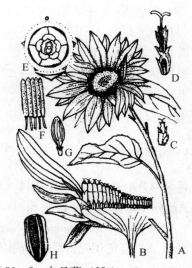

图 30 - 2　向日葵（*Heliantbus annuus* L.）
A. 花序　B. 花序纵切　C. 管状花　D. 管状花纵切
E. 花图式　F. 聚药雄蕊　G. 舌状花　H. 瘦果

花序轴上可以看到一些纵立的膜片，将花序轴分隔成蜂窝状，这些膜片称作托片（有些植物呈毛状，称作托毛，有的花序轴则裸露）；取一朵管状花，先从侧面观，可以清楚地分为以下几部分，最下部为下位子房，子房的顶端两侧有 2 枚退化为鳞片状的萼片（而大多数菊科植物的萼片退化成毛状，称作冠毛），上部为花冠，花冠紫褐色，是由 5 个花瓣联合而成，5 齿裂；在解剖镜下将管状花剖开，在花的中心是雌蕊，柱头 2 裂。而在花柱的周围可以看到黑色的花药，花药彼此联合成管状，围绕着花柱，花药下部的花丝彼此分离，这一结构被称做聚药雄蕊。将管状花全部观察完以后，再取下一朵舌状花研究，则见它仅有花被，而无雌蕊与雄蕊，称作无性花。果实为瘦果，种子无胚乳。

2. 蒲公英 蒲公英（*Taraxacum mongolicum* Hand. - Mazz.）（图 30 - 3）隶属于舌状花亚科（Cichorioideae），是我国常见的多年生杂草，植物体具白色乳汁。主根发达。叶全部基（根）生，呈莲座状，叶片大头羽裂，裂片倒锯

齿形。花葶无叶，顶端生 1 头状花序，头状花序最外面具 2 层总苞片，总苞片草质，先端具角状突起。花序中所有的花均为同一形状的舌状花，花序托不具托片，取 1 朵花分析，花冠的冠缘向一侧展开成舌状。舌片前端具 5 个小齿（管状花亚科则为全缘或具 3 齿），子房上部具冠毛（由花萼退化而成的），剥开舌状花的花冠筒，可看到雌雄蕊，雄蕊 5 枚，为聚药雄蕊；雌蕊由 2 个心皮构成，柱头 2 裂，子房下位，在花柱的基部可见到蜜腺。取瘦果观察，在瘦果顶端有一长喙，长喙顶端着生冠毛，果实上有棱，上部具小瘤或短刺。

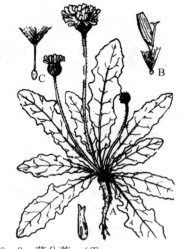

图 30-3　蒲公英　（*Taraxacum mongolicum* Hand. - Mazz.）

A. 植株　B. 舌状花　C. 瘦果及冠毛　D. 果实

四、思考题

1. 通过对代表植物的观察和研究，概括出几条茄科和菊科植物的主要特征。

2. 写出你所鉴定的植物名称以及它们的主要特征。

实验三十一　禾本科（Gramineae）

一、实验目的

① 熟悉和掌握禾本科的专用术语，利用检索表鉴定和认识该科植物。
② 通过对禾本科常见植物的观察、认识，掌握该科的主要特征。

二、仪器与用品

体视显微镜、镊子、解剖针、载玻片、刀片、检索表等。

三、实验步骤

（一）实验材料

小麦属（*Triticum* L.）、偃麦草属（*Elytrigia* Desv.）、赖草属（*Leymus* Hochst.）、冰草属（*Agropyron* Gaertner）、旱麦草属（*Eremopyrum*（Ldb.）Jaub. et. Spach.）、燕麦属（*Avena* L.）、雀麦属（*Bromus* L.）、早熟禾属（*Poa* L.）、针茅属（*Stipa* L.）、芨芨草属（*Achnatherum* Beauv.）、狗尾草属（*Setaria* Beauv.）、稗属（*Echinochloa* Beauv.）等属植物标本各 1 种以及供鉴定用浸湿的花和果实。

（二）禾本科的专用术语解释

1. 小穗两侧压扁　颖与稃的侧面压扁呈舟状，使小穗两侧的宽度小于背腹面的宽度（图 31-1）。

2. 小穗背腹压扁　颖与稃的侧面不压扁，而且鳞片状，使小穗背腹面的宽度小于两侧的宽度。

3. 脱节于颖之上　组成小穗的花于成熟后，在颖上逐节断落，而将颖片保存下来。

4. 脱节于颖之下　组成小穗的花连同下部的颖片同时脱落。

5. 芒　颖、外稃或内稃的主脉所延伸成的针状物。

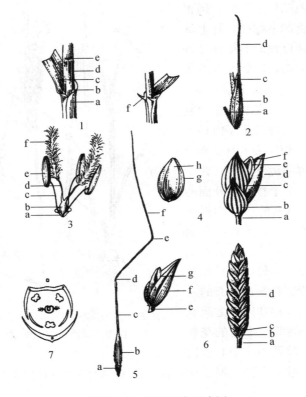

图 31-1　禾本科专用术语

1. 叶及杆：a. 叶鞘　b. 叶舌　c. 叶片　d. 节间　e. 节　f. 叶耳

2. 小花：a. 小穗轴　b. 外稃　c. 内稃　d. 芒

3. 小花：a. 鳞被　b. 子房　c. 花丝　d. 花柱　e. 花药　f. 柱头

4. 小穗：a. 小穗轴　b. 第一颖　c. 第一外稃　d. 第二颖　e. 第二内稃　f. 第二外稃　g. 外稃　h. 内稃

5. 小花：a. 基盘　b. 外稃　c. 芒柱　d. 第一膝曲　e. 第二膝曲　f. 芒针

6. 小穗：a. 小穗柄　b. 第一颖　c. 第二颖　d. 外稃　e. 小穗轴　f. 外稃　g. 内稃

7. 花图式

6. 芒柱　芒膝曲以下的部分，常作螺旋状扭转。

7. 芒针　芒膝曲以上的部分，较细而不扭转。

8. 第一外稃　指组成小穗的第一（最下部）花的外稃。

9. 基盘　外稃基部隆起或伸长变硬的部分。

（三）禾本科主要特征

1. 小麦　小麦（*Triticuma aestivum* L.）（图 31-2）为我国广泛栽培的谷

类作物。一年或二年生草本，须根系。禾本科植物的茎称秆，秆上部无分枝，仅在接近地面的根颈处进行分枝而称为分蘖，因此小麦的茎秆呈丛生状态。叶有叶片、叶舌、叶耳与叶鞘之分。小麦的花序为复穗状花序，每个复穗状花序由15～20个小穗组成，取小麦花序上的1个小穗，置于解剖镜下分析，在小穗的最下部具有2个颖片，外面的1片叫做外颖，里面的一片叫做内颖，每个小穗有3～5朵花，而通常上面的1～2朵不孕，花的外面有2个苞片叫做稃，外面的一片叫做外稃，外稃背部有芒，里面的一片叫做内稃，在外稃和内稃之间有3枚雄蕊和1个雌蕊，雄蕊的花丝细长，花药大，雌蕊由2个心皮构

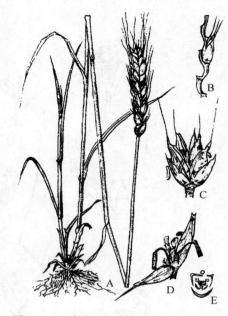

图 31-2　小麦（*Triticuma aestivum* L.）
A. 植株　B. 部分穗轴　C. 小穗　D. 花　E. 花图式

成，子房上位，柱头2裂、羽毛状，在子房基部有2片白色的鳞片叫做浆片。果实为颖果。

2. 无芒雀麦　无芒雀麦（*Bromus inermis* Leyss.）为多年生牧草，具根状茎。叶片扁平，叶鞘闭合。圆锥花序开展，长 10～20 cm；小穗长 1.2～2.5 cm，含4～8小花，上部花通常发育不全，脱节于颖之上及诸小花间，第一颖（外颖）长4～7 mm，第二颖（内颖）长6～9 mm，外稃具5～7脉，先端有短尖头或1～2 mm 的短芒，内稃短于外稃；雄蕊3枚；雌蕊由2心皮构成，子房上位，花柱着生于子房前下方。颖果长而有沟槽。

3. 芨芨草　芨芨草〔*Achnatherum splendens*(Trin.)Nevski〕为多年生草本，须根粗而坚韧，常被砂套。秆直立，坚韧，成大的密丛，高50～250 cm，基部宿存枯萎的黄褐色叶鞘。叶鞘无毛，具膜质边缘；叶舌三角形或尖披针形，叶片扁平或纵卷，上面脉纹凸起，微粗糙，下面光滑无毛。圆锥花序长(15)30～60 cm，开花时呈金字塔形展开。小穗长 4.5～7 mm，灰绿色，基部带紫褐色，成熟后常变为草黄色；颖膜质，披针形，外稃长 4～5 mm，厚纸质，顶端具2微齿，背部密生柔毛，具5脉，基盘钝圆，被柔毛，芒自外稃齿间伸出，不扭转；内稃长 3～4 mm，具2脉而无脊，脉间具柔毛；花药长

2.5～3.5 mm，顶端具毫毛。

4. 早熟禾 早熟禾（*Poa annua* L.）常见于农田、路边及草坪中。秆直立、丛生，高 5～30 cm，小穗有柄，排列成圆锥花序，第二颖短于第 1 花，外稃背部有脊，基盘常具绵毛。

5. 无芒稗 无芒稗〔*Echinochloa crusgali*（L.）Beauv.〕为南北疆平原绿洲常见的农田杂草。一年生植物，茎基倾斜或膝曲，叶无叶舌、叶耳，圆锥花序由数枚偏于一侧的穗状花序组成，小穗无芒或有芒。

6. 鉴定 利用教科书或其他工具书鉴定所供实验标本的名称，禾本科实验共分两次作完，如果两次仍作不完，可在课外去作。

禾本科常见植物检索表

1. 小穗含多数花至 1 花，大都两侧压扁，通常脱节于颖之上，小穗轴大都延伸至最上方小花的内稃之后而呈细柄状或刚毛状。
  2. 成熟花的外稃具多数脉至 5 脉（稀为 3 脉），或其脉不明显；叶舌通常无纤毛。
    3. 小穗无柄或几无柄，排列成穗状花序。
      4. 小穗以背腹面对向穗轴；侧生小穗无第一颖 ·············· 1. 黑麦草属 *Lolium* L.
      4. 小穗以侧面对向穗轴，第一颖存在。
        5. 小穗单生于穗轴的各节。
          6. 穗状花序的顶生小穗不孕或退化，其余小穗呈篦齿状排列于穗轴的两侧。
            7. 多年生植物 ···························· 2. 冰草属 *Agropyron* Gaertner
            7. 一年生短命植物 ········· 3. 旱麦草属 *Eremopyrum*（Ldb.）Jaub. et. Spach.
          6. 穗状花序顶生小穗大都正常发育，其余小穗呈覆瓦状排列于穗轴的两侧。
            8. 一年生或越年生植物。
              9. 颖锥形，仅具一脉 ———————————— 4. 黑麦属 *Secale* L.
              9. 颖卵形，具 3 至数脉 ——————————— 5. 小麦属 *Triticum* L.
            8. 多年生植物。
              10. 植物体具根状茎；小穗成熟时脱节于颖之下，小穗轴不于诸花之间断落 ·············· 6. 偃麦草属 *Elytrigia* Desv.
              10. 植物体无根状茎，或具短的根状茎；小穗成熟时脱节于颖之上，其小穗轴于诸花之间断落·············· 7. 披碱草属 *Elymus* L.
        5. 小穗常以 2 至数枚生于穗轴的各节，或在花序上下两端可为单生，有少数种单生，但外稃常因小穗轴扭转而与颖交叉排列，使外稃背部露出。
          11. 小穗含 1～2(3) 花，常以 3 枚生于穗轴的各节；穗轴（除大麦属的栽培种外）均具关节而可逐节断落。
            12. 小穗含 1～2(3) 花，全部无柄且均能孕·· 8. 新麦草属 *Psthyrostachys* Nevski
            12. 小穗仅含 1 花，除栽培种外，仅居中小穗无柄且能孕，侧部小穗具短柄，通常不孕或具 1 雄花 ·························· 9. 大麦属 *Hordeum* L.

　11. 小穗含 2 至数花，以 2 至数枚（有时为 1 枚）生于穗轴的各节；穗轴延续而
　　　无关节，故并不逐节断落。

　　　13. 植物体具下伸或横走的根状茎；茎秆基部常为枯老碎裂成纤维状叶鞘所
　　　　　包围；颖细长成锥状或披针形，具 1～3 脉；外稃常因小穗轴扭转而与颖
　　　　　交叉排列，使外稃背部露出 ·············· 10. 赖草属 *Leymus* Hochst.

　　　13. 植物体不具根状茎，茎秆基部从不为枯老碎裂成纤维状叶鞘所包围；颖
　　　　　细长圆状披针形，具 3～5 脉；小穗轴不扭转，颖包于外稃的外面 ······
　　　　　························· 11. 披碱草属 *Elymus* L.

　3. 小穗具柄，稀可无柄，排列为开展或紧缩的圆锥花序，或近于无柄，形成穗形总
　　状花序，若小穗无柄时，则成覆瓦状排列于穗轴一侧再形成圆锥花序。

　　14. 小穗含 2 至多数花，如为 1 花时则外稃具 5 条以上的脉。

　　　15. 第二颖大都等长或长于第一花；芒若存在时大都膝曲而有扭转的芒柱，通
　　　　　常位于外稃的背部或由先端的二裂齿间伸出 ·············· 12. 燕麦属 *Avena* L.

　　　15. 第二颖通常较短于第一花；芒如存在时则劲直（稀可反曲）而不扭转，通
　　　　　常自外稃顶端伸出，有时可在外稃顶端二裂齿间或裂隙的下方伸出。

　　　　16. 叶鞘全部闭合或下部闭合 ·············· 13. 雀麦属 *Bromus* L.

　　　　16. 叶鞘通常不闭合或仅在基部闭合而边缘互相覆盖。

　　　　　17. 小穗近于无柄，密集簇生于圆锥花序分枝上端的一侧 ·············
　　　　　·············· 14. 鸭茅属 *Dactylis* L.

　　　　　17. 小穗有柄，排列成紧缩或开展的圆锥花序 ·········· 15. 早熟禾属 *Poa* L.

　14. 小穗通常仅含 1 花；外稃具 5 脉或稀可更少。

　　18. 芒下部扭转，且与外稃顶端成关节，外稃细瘦呈圆筒形，常具排列成纵行
　　　　的短柔毛；内稃背部在结实时不外露，通常无毛 ········ 16. 针茅属 *Stipa* L.

　　18. 芒下部扭转或几不扭转，不与外稃顶端成关节，外稃有散生柔毛；内稃背
　　　　部在结实时裸露，脊间有毛 ·············· 17. 芨芨草属 *Achnatherum* Beauv.

　2. 成熟花的外稃具 3 或 1 脉，亦有具 5～9 脉者，或因外稃质地变硬而脉不明显；叶
　　舌通常有纤毛或为一圈毛所代替 ·············· 18. 芦苇属 *Phragmites* Adans.

1. 小穗含 2 花，下部花常不发育而为雄性，甚至退化仅余外稃，此时小穗仅含 1 花，背
　腹压扁或为圆筒形，稀可两侧压扁，脱节于颖之下；小穗轴从不延伸于顶端成熟花内
　稃之后。

19. 花序中有不育小枝所形成的刚毛 ·············· 19. 狗尾草属 *Setaria* Beauv.

19. 花序中无不育小枝所形成的刚毛。

　20. 小穗排列为开展的圆锥花序 ·············· 20. 黍属 *Panicum* L.

　20. 小穗排列于穗轴的一侧而为穗状花序或穗形总状花序，此类花序再排列或呈圆
　　　锥花序 ·············· 21. 稗属 *Echinochloa* Beauv.

四、思考题

1. 通过对禾本科代表植物的观察和研究，概括禾本科的主要特征。
2. 写出你所鉴定的植物属名以及这些植物的主要特征。
3. 选择 5 种植物编写出检索表。

实验三十二 莎草科（Cyperaceae）、百合科（Liliaceae）、鸢尾科（Iridaceae）

一、实验目的

① 熟悉和掌握莎草科、百合科、鸢尾科的专用术语，利用检索表鉴定和认识各科植物。

② 通过对莎草科、百合科、鸢尾科常见植物的观察、认识，掌握各科的主要特征。

二、仪器与用品

体视显微镜、镊子、解剖针、载玻片、刀片、检索表等。

三、实验步骤

I 莎草科（Cyperaceae）

（一）实验材料

藨草属（*Scirpus* L.）、荸荠属（*Eleocharis* R. Br.）、莎草属（*Cyperus* L.）、嵩草属（*Kobresia* Willd.）、苔草属（*Carex* L.）等属植物标本各 1 种以及供鉴定用浸湿的花和果实。

（二）莎草科专用术语解释

1. 先出叶与囊苞 先出叶有两种类型，一种是生于花序分枝基部或小穗柄基部的称总苞片和苞片，又称枝先出叶；另一种是生于雌花基部的，如在嵩草属（*Kobresia*）中，其边缘分离或部分愈合，并不完全包裹雌花，而在苔草属（*Carex*）中，其边缘则完全愈合呈囊状，并全部包裹雌花叫做囊苞（图 32 - 1）。

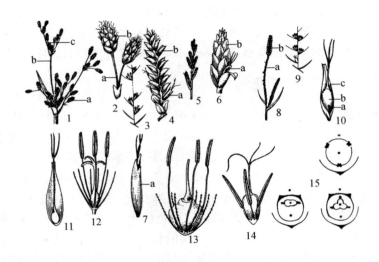

图 32-1　莎草科专用术语图解

1. 长侧枝聚伞花序　a. 小穗　b. 第一次辐射枝　c. 第二次辐射枝

2. 小穗（藨草型）　a. 小穗梗　b. 鳞片

3. 小穗（藨草型）图解

4. 小穗（莎草型）　a. 花　b. 鳞片

5. 钩状嵩草的花序

6. 钩状嵩草的小穗　a. 支小穗　b. 鳞片

7. 钩状嵩草的雌性支小穗　a. 先出叶

8. 亮鞘苔草的雌雄顺序小穗　a. 雄花　b. 雌花

9. 雌雄顺序小穗图解

10. 嵩草一种的雌性支小穗的先出叶　a. 退化小穗轴　b. 雌花　c. 先出叶

11. 苔草属的雌花（示果囊切开，里面的为雌蕊）　12. *Scirpus lacustris* 的花

13. 藨草的花（示下位刚毛）　14. 鳞籽莎属的花（示下位鳞片）

15. 苔草属的花图式

2. 长侧枝聚伞花序　小穗具梗或否，数枚至多数簇生于茎秆的顶端或侧部，若有一部分小穗梗伸长，顶端分枝，分枝的顶端着生 1 至数枚有梗或无梗小穗，分枝还可伸长再进行分枝，称长侧枝聚伞花序。第二次分枝的小穗梗称第一次辐射枝，第二次分枝的小穗梗称第二次辐射枝。

3. 花柱基　在荸荠属（*Eleocharis*）中，花柱的基部，接近子房的膨大部分呈各种形状，并宿存于小坚果顶端称花柱基。

4. 小穗雌雄顺序　小穗中上部的花为雌性，下部的花为雄性。

5. 小穗雄雌顺序　小穗中上部的花为雄性，下部的花为雌性。

6. 小坚果平凸形　小坚果稍压扁，其相对应的两面，一面平而另一面凸。

7. 小坚果双凸形　小坚果稍压扁，其相对应的两面皆凸。

8. 侧生枝小穗　如嵩草属（*Kobresia*）的复穗状花序的分枝。

（三）莎草科的主要特征

1. 扁秆藨草　扁秆藨草（*Scirpus planiculmis* Fr. Schmidt）是沼泽草甸和水边的常见植物。多年生草本，具匍匐根状茎和球茎，茎三棱，无节。叶3列互生；叶片扁平、条形，基部具长鞘。花序下有伸展的禾叶状苞片1～3枚，长于花序。长侧枝聚伞花序短缩成头状，具1～6个小穗，小穗卵形或矩圆形，褐锈色，花多数，鳞片（苞片）螺旋状覆瓦状排列。取1小穗置于解剖镜下分析，通常每个鳞片内具有4～6条褐色或白色的生有倒刺毛的下位刚毛，这就是退化的花被，还有3枚雄蕊，花丝为扁的长条状，若花药已脱落而花丝常常存留，在鳞片内的最中心是由2个心皮构成的雌蕊，子房上位，柱头2裂。取一成熟小穗剥开，则可看到一个宽倒卵形的（小）坚果。

2. 苔草属　苔草属（*Carex* L.），多年生草本。具根状茎或匍匐枝，秆常三棱形或近于三棱形，基部常围以纤维状分裂的枯叶鞘。叶基生或生于秆的下部，3列状互生。苞片叶状或刚毛状；小穗单1至多数，单性或两性，具总梗或否；花单性，基部具1鳞片，鳞片覆瓦状排列于小穗轴的周围，雄花有雄蕊3枚，稀更少，雌花具1雌蕊，子房包于囊苞内，柱头2～3裂，囊苞上部有喙或无。小坚果平凸、双凸、三棱或扁形。

3. 鉴定　利用检索表鉴定所提供实验标本的名称。

Ⅱ **百合科**（Liliaceae）

（一）实验材料

葱属（*Allium* L.）、百合属（*Lilium* L.）、郁金香属（*Tulipa* L.）、贝母属（*Fritillaria* L.）、顶冰花属（*Gagea* Salisb.）等属植物标本各1种以及供鉴定用浸湿的花和果实。

（二）百合科主要特征

1. 葱　葱（*Allium fistulosum* L.）是我们日常生活中不可缺少的一种调味蔬菜，它的鳞茎细长（主要食用部分是葱白），叶圆筒形，中空。花葶（茎）粗而中空，多数花聚集成伞形花序，花序下有一个大型膜质的总苞，在花期总苞将花序全部包被，开花时破裂。取1朵花分析，花整齐，花被白色，6片排列成

2 轮；雄蕊 6 枚，与花被片对生；雌蕊由 3 个心皮构成，3 室。子房上位。果实为蒴果，中轴胎座。韭菜与其同属，见碱韭（图 32 - 2A～图 32 - 2C）。

2. 郁金香属　郁金香属（*Tulipa* L.）多为荒漠草场早春的优良牧草，是新疆常见的类短命植物，具鳞茎，叶基生，条形或狭长圆形。花大型，1～3 朵生于花葶顶部；花被多为黄色，6 片排列成 2 轮；雄蕊 6 枚，与花被片对生；雌蕊由 3 个心皮构成三室，子房上位。蒴果。

3. 贝母　贝母（*Fritillaria* L.）是新疆山区习见的贵重药材。多年生草本具鳞茎（药用部分）。叶互生或轮生。花单生枝顶，具总苞片，花多下垂。

4. 百合属　百合（*Lilium* L.）是日常生活中常见的观赏花卉，它的鳞茎直径约 5 cm，可食用；茎具叶，不分枝，花大，单生或排列成总状花序，花被漏斗状，6 裂，白色、淡粉色等。例如山丹（图 32 - 2D、图 32 - 2E）。

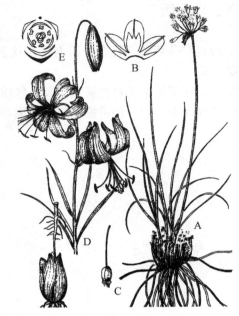

图 32 - 2

碱韭（*Allium polyrhizum* Turcz. ex. Regel）：A. 植株
B. 花纵切面（示花被片及花丝）　C. 雄蕊
山丹（*Lilium pumilus* DC.）：D. 植株　E. 百合的花图式

百合科常见植物分属检索表

1. 植株多有葱蒜味；花序为典型的伞形花序；叶鞘闭合 ················· 1. 葱属 *Allium* L.
1. 植株无葱蒜味；花序不为伞形花序。
  2. 花药丁字状着生；鳞茎肥大，肉质 ···················· 2. 百合属 *Lilium* L.
  2. 花药基底着生。
    3. 花较大；花被片长至 2 cm 以上。
      4. 花直立；花被片基部无腺穴 ··············· 3. 郁金香属 *Tulipa* L.
      4. 花俯垂；花被片基部有腺穴 ··············· 4. 贝母属 *Fritillaria* L.
    3. 花较小，花被片长不超过 2 cm ·············· 5. 顶冰花属 *Gagea* Salisb.

Ⅲ 鸢尾科（Iridaceae）

马蔺（*Iris lacta* Pall.）是田边、路旁常见的多年生草本，有根状茎。叶多茎生，狭长，基部或鞘状抱茎。花多为蓝紫色，外花被中部常有黄色的条纹；花柱 3 裂，有时花瓣状，中轴胎座，蒴果。

四、思考题

1. 通过对莎草科、百合科、鸢尾科代表植物的观察和研究，概括出各科的主要特征。

2. 写出你所鉴定的植物属名以及这些植物的主要特征。

3. 选择 3 个科的 5 种植物编写出检索表。

主 要 参 考 文 献

安争夕，崔乃然，田允温，等．1988．植物学实验指导（油印本）．新疆八一农学院．

曹慧娟．樊汝文．1989，植物学．北京：中国林业出版社．

崔大方．2006．植物分类学．北京：中国农业出版社．

傅承新，丁炳扬．2002．植物学．杭州：浙江大学出版社．

贺学礼．2008．植物学．北京：科技出版社．

胡宝忠，常缨．2005．植物学实验指导．北京：中国农业出版社．

胡宝忠，胡国宣．2002．植物学．北京：中国农业出版社．

胡适宜．1983．被子植物胚胎学．北京：人民教育出版社．

华东师范大学．1989．植物学（上、下册）．北京：高等教育出版社．

李扬汉．1984．植物学．上海：上海科技出版社．

李正理，张新英．1984．植物解剖学．北京：高等教育出版社．

陆时万．1991．植物学．北京：高等教育出版社．

马炜梁．2000．高等植物及其多样性．北京：高等教育出版社、斯普林格出版社．

强胜．2006．植物学．北京：高等教育出版社．

汪劲武．1985．种子植物分类学．北京：高等教育出版社．

谢成章．1984．被子植物形态学．武汉：湖北科学技术出版社．

新疆八一农学院．2001．植物分类学．北京：中国农业出版社．

新疆植物志编写委员会．1992—2011．新疆植物志（1～6卷）．乌鲁木齐：新疆科技卫生出版社．

阴知勤，安争夕，李学禹．1991．植物界的系统及种子植物分类．乌鲁木齐：新疆科学技术出版社．

张彪．2002．植物分类学实验．北京：东南大学出版社．

周仪．2000．植物形态解剖学实验．北京：高等教育出版社．

周云龙．1999．植物生物学．北京：高等教育出版社．

朱进忠．2009．草业科学实践教学指导．北京：中国农业出版社．

图书在版编目（CIP）数据

植物学实验指导 / 周桂玲主编 . —北京：中国农
业出版社，2012.8（2024.6重印）
全国高等农林院校"十一五"规划教材
ISBN 978 - 7 - 109 - 17020 - 9

Ⅰ.①植…　Ⅱ.①周…　Ⅲ.①植物学-实验-高等学
校-教学参考资料　Ⅳ.①Q94 - 33

中国版本图书馆 CIP 数据核字（2012）第 169786 号

中国农业出版社出版
（北京市朝阳区农展馆北路 2 号）
（邮政编码 100125）
责任编辑　刘　梁　郑璐颖

北京中兴印刷有限公司印刷　　新华书店北京发行所发行
2012 年 8 月第 1 版　　2024 年 6 月北京第 5 次印刷

开本：720mm×960mm　1/16　印张：10.75
字数：190 千字
定价：24.50 元
（凡本版图书出现印刷、装订错误，请向出版社发行部调换）